**詹姆斯·艾伦**
James Allen

东方丛书

原因与结果的法则 II：

[英] 詹姆斯·艾伦 著

吕沙沙 李梁瑜 译

# 成功的必由之路

人民东方出版传媒
People's Oriental Publishing & Media
东方出版社
The Oriental Press

# 目录

第一部分

## 成功的支柱

第二部分

# 坚定的内心

第一部分

# 成功的支柱

人们普遍认为，不论个人或国家，要想取得更辉煌的成就，只能通过政治或社会重建这唯一途径。但事实上，国家由一个个的个体组成，因此脱离开个人的道德空谈这一问题并不现实。一旦一个社区群体的道德水平提高，相应的法律制定随之完善，社会状况也会更好；但是，对于那些在道德的追求之路上懈怠、颓靡的人或国家来说，没有哪条法律可以给予他们成功或阻止他们带来的危害。

　　美德是成功的根基和支撑，是成就伟大的核心要素。美德经久不衰、永不腐朽，可以说，人类所有不朽的成就都奠基于此。如果没有美德，力量、稳定、真理就无从谈起，世界只剩下短暂的幻想。寻找到道德的准则也就找到了成功、伟大和真理，我们也会因而变得更为强大，勇敢，快乐而自由。

第一章

# 成功的八个支柱

# 敬畏之心

✤

唯有依照规律行事，才能在人生的风暴
和不确定中获得终极的保障、安全与平和。

获得成功需要以道德为根基，但很多人认为，成
功的根基并非道德，而是诡计、卑鄙、欺骗和贪婪。
即便是一个睿智的人，我们也经常会听到他说，"在商
场上，人太诚信就没法成功"。于是在这个逻辑中，本
是好好的"商业成功"，却变成了不好的"不诚信"的
结果。这显然是未经思考的肤浅之言，同时也揭露了
人们对于道德因果关系和生命真理的认识的匮乏。就
好像是说，人们种下天仙子而收获菠菜，或是在沼泽
地上盖起一栋砖房——按照自然因果关系，这根本就
是不可能的，也不会有人尝试。精神或道德领域的因

果关系与之相比，原理相同，形式有别。这一原理或现于有形，比如自然现象；或隐于无形，比如思想和行为。有形的，人们发现了其过程，按其行事；无形的，人们便以为它们不适用，因此也就不再遵守了。

但事实上，精神世界的过程同自然界的过程一样简单、明确，是同样的自然模式在精神世界的呈现。各种寓言以及许多流传的名言都是为了阐明这一事实。自然世界不过是外化了的心理世界，看得到的不过是看不到的世界的反映。一个圆的上半边与下半边并无不同，不过是弧形倒置。物质和精神不过是茫茫宇宙中两个自成体系的弧，是一个完满圆形的两半。自然和精神并非永远对立，在宇宙真正的秩序中，二者终究是合一的。在不自然的状态下，即不和谐时，物质与精神的分歧出现，两个弧形最终相互龃龉。

随便拿一个东西，如果你仔细寻找的话，都能找到它精神层面的根本过程。举个例子，种子发芽长成植物，开花，最后又结出种子的过程，其实也是一个心理过程。思想是"种子"，落在头脑的"土壤"里，发芽、成长，直至成熟、开花结出"果实"——果实或好或坏，思想或智或蠢。最后，思想的"种子"又播种进他人的头脑中去。老师是"种子"的播种者，是精神世界的农学家。而对他本人而言，他就是自己的这片心灵土地的耕种人。心灵的成长就像是植物的成长，需要在合适的季节播种，要想收获知识和智慧的花蕾，也必须等待一定的时日。

写到这里我住笔停下，从书房的窗户朝外望去。百米开外有一棵高高的树，树顶上，一只从不远处的巢里飞来的白嘴鸦正在筑巢——这还是头一次有鸟在这里安家。猛烈的东北风呼呼刮着，树顶随风摇来晃去，但是这个用树枝和羽毛搭成的小窝没什么危险，正在孵蛋的鸟妈妈也没表现出对风暴的害怕。为什么？原因就是鸟儿在筑巢时已经本能地遵循了"最大限度确保稳定和安全性"的原则。首先，它选址在一个枝杈上而不是两个树枝之间，因此不论树顶怎么晃动，鸟巢的相对位置都不会移动，结构也不会散；其次，鸟巢为圆形，能够最大限度地抵御外力的影响，内部构造也会更紧实，符合栖息的目的。所以，不论风暴多么强烈，巢中的鸟儿自是舒适又安全。这么一个简单而日常的东西却也严格遵循了数学定律，因而在有心人的眼里，它就成了启蒙式的寓言，教导人们唯有依照规律行事，才能在人生的风暴和不确定中获得终极的保障、安全与平和。

建造一栋房屋或一座寺庙比搭一个鸟巢复杂得多，却也严格遵循着这些自然定律，这说明人类在物质层面也须遵守普遍法则。人们不会尝试建造一座违反几何定律的建筑，因为我们都清楚这样的建筑注定不安全，即便是勉强盖起来了，没有散架，也很可能随便来一场风暴就会被夷为平地。人们小心翼翼地设计建筑，在铅垂线、尺子、圆规的辅助下，计算着哪里该是圆形，哪里该是方形，哪里该是什么角度，最终，建造出一座能为自己遮蔽风雨的房子，抵挡得住哪怕是最大的风暴。

读者可能会说，这道理太简单了。是的，这些道理简单是因为它们正确而完美，正确到容不得一丝一毫的妥协，完美到没有人可以再对其做出改进。经过多年的生活实践，人们已经了解了在物质世界里的这些定律，也明白了按照定律行事是明智的。因此我开始探寻，在我们的精神世界里是否也存在着同样简单、同样永恒、同样完美的定律？很可惜，现在的人们对自己的精神世界知之甚少，由于不了解定律的本质而不断地违反定律行事，而且，根本没有意识到一直以来违反定律给他们自身带来了多少痛苦。

# 精神领域的法则

✢

　　在物质领域，这一规律呈现为数学的形
式；在精神世界，这一规律就是道德。

　　不论是物质还是精神、事物还是思想、自然过程还是人类行为，其中都存在着固定的规律，一旦人们忽视了它们，不管有心还是无意，都会面临失败或灾难。实际上，正是因为人们无意中违反了这些规律，世界上才有这么多痛苦和悲伤。在物质领域，这一规律呈现为数学的形式；在精神世界，这一规律就是道德。但是，数学和道德不是分离或对立的，只是一个有机整体的两个层面。将一切视为客观的数学是"体"，道德为"灵"，道德的永恒规律，就是物质世界的真理在精神世界的表现。如果不遵循道德准则，人就不可能获得成功，就如同不遵守物质世界的规律也不能成功一样。就如同一幢建筑，人的性格也唯有建立在道德约束的基础上才能稳固。性格的养成过程缓慢而艰辛，如果将这个过程比作搭建房子，那"行为"就是一块块的砖。所有的企业和商业活动也都逃不开规律的约束，唯有遵守，才能稳定繁荣。成功意味着稳定、持续，而要获得成功必须有坚实的道德基础，也要以纯良的性格和价值观作为支撑。如果试图在商业活动中违背道德，灾难总是不可避免的。不论在哪个社会中，能恒盛不衰的都不是骗子或投机取巧者，而是那些正直可信的人。比如，在英国社会中贵格派最以正直而著称，尽管他们人数不多，却是最成功的一群人；与之类似的是印度的耆那教徒，他们人数也不多，但他们价值观积极正向，也是印度最成功的人。

# 成功的八个支柱

❖

对于那些还没有理解道德准则的重要性就下定论说道德不是成功的要素、反而是阻碍的人来说，这一事实向他们证明了他们的结论完全错误。否则按照他们的理论，越缺少道德，获得的成功应该越大才对。

人们常说"构建事业"，确实，构建事业和用砖头盖房子或用石头盖教堂类似，只不过建造过程发生在概念层面。像房子能为人们遮风避雨一样，成功也是人们头顶的一方"屋檐"，为人们提供保护和舒适。屋檐代表着支撑，而支撑是需要基础为前提的。因此，成功的屋檐需要有以下八根支柱来支撑，每一根都嵌在恪守恒常不变的道德这一根基之上：

　　能量，经济，正直，条理，共情，真诚，公正，自立。

　　能完美践行上述准则的人势必在商场经久不衰，甚至可以说无敌，没有什么能打击到他，没有什么能阻碍他的成功。只要一直坚持这些准则，事业就会获得持续不断的增长，繁盛常在。另一方面，如果在一家企业里上述准则全部缺席，那么它就绝对不会成功；更甚一步，这家企业就不可能存在，因为没有准则的企业缺乏生命力，缺乏构成任何东西都必不可少的"纤维"和价值上的共识。想象一下这样一个人，身上没有任何一点上述准则约束的痕迹，即便我们对这些准则的理解再匮乏，也能明白他做什么也成功不了。我们能想象出一个过得穷困潦倒的流浪汉，却难以想象他会领导一个企业、成为一个组织的核心，抑或在任何岗位上负责地、有力地工作——我们想象不出，因为我们知道那是不可能的。对于那些还没有理解这些准则的重要性就下定论说道德不是成功的要素、反而是阻碍的人来说，这一事实向他们证明了他们的结论完全错误。否则按照他们的理论，越缺少道德，应该获得越大的成功才对。

诚然，只有极少数成功的人在一生中坚持了全部八条准则，但凡全都能坚持的人都成了领袖、导师、社会的支柱、人类进步道路上的先驱者。

尽管几乎没有人能完全践行八条道德准则而获得终极的成功，但遵守了其中一部分的人，也能获得一定程度的成功。即便是你只做到了其中的两三条，也足以确保一定的小成就，至少可以在一段时间颇具影响力；如果你能完全做到其中的两三条，且余下的几条做得还不错，那么你所获得的这部分成功和影响力便会更长远——当然，随着个性中良善的积累，以及你对这些道德准则理解程度和践行的增加，成功和影响力的范围也会相应扩大。

# 一个人的道德边界决定了
# 他的成功程度

❖

一个人的道德边界决定了他的成功程
度。几乎可以这么说，了解一个人的德行，
就大概知道了他能达到多大的成就。

一个人的道德边界决定了他的成功程度。几乎
可以这么说，了解一个人的德行，就大概知道了他能
达到多大的成就。唯有支柱不倒，成功之殿才能稳立；
一旦支柱被削弱，成功之殿便会动摇；而一旦支柱倒
下，成功之殿将不复存在。

当道德性原则缺位时，失败是避免不了的——因为
凡世间之事，必有因果。就像是把石头朝上抛，最终还

是会回到地面一样，每一个行为，不论好坏，最终还是会回到"始作俑者"身上。每一次对道德的违背，都会离我们想实现的愿景更远一些；而另一方面，每一次对自身行为的规范，都是为建造成功之殿增砖添瓦，为自己增添力量，为成功的支柱雕琢美丽的花纹。

个人、家庭、国家，皆会因道德的提升和知识的积累而繁荣，同时，也会因道德的缺失而衰败。

不论是精神世界还是物质世界，只有稳定、坚固的东西才能立得住，持续存在。没有道德就没有任何实质可言，从中自然也不能产生任何其他；没有道德，精神世界随之崩塌，里面充斥着混乱狂躁。没有道德，就是对精神世界的蚕食。尽管精神世界被瓦解，但分崩离析的信条仍可以再次被智慧地重组，得以重建——这个智慧的重建者，就是道德。道德，即为物质、形式和构建合为一体。从本质而言，道德总是屹立在不道德的反面，不断地增长、保持，不似对方会导致坍塌、毁灭。不论是对国家还是个人而言，道德都是"构建大师"。

道德具有不可战胜的力量，因此凡能自始至终坚守道德阵地的人，必会立于不败之地。唯有始终如一地坚守崇高的道德标准，人的力量才能经受得住考验，正如万物必须经过历练一样，这是自然界的定律。再举例说，世界上最坚固的钢条，在从铸造厂出产之前，必须经过铁匠的压力测试，以考验其质地和强度；那些没有经受住高温烧制的砖块，会被制砖工人毫不犹豫地丢弃。因此，一个人要想获得成功并保持不败，他必须战胜困境的压力和种种诱惑，保证自己的道德立场不仅不会妥协，反而更加坚定。他会像百炼钢那样，被全世界见证，发挥他的作用。

反之，道德低下处处都有弱点暴露，违反道德行事的人，结局只能是陷入失败的沼泽，再多的努力也是徒劳。可能多行不义的人还在守着自己的不义之财沾沾自喜，但他的口袋上已经有了漏洞，最终他所有获得的东西都会失去。而开始原本恪守道德的人，中途或许会为了一时利益抛弃它，就像是没有经受住第一次淬火的砖块一样，于是，整个世界也像丢弃废砖块一样抛弃了他。然而人终究是个生命体，他会学习、悔过，然后重头再来。

道德是成功之本，是繁荣的支柱。但成功的定义是多样的，如果一个人在某些方面获得更辉煌的成功，那么另一些方面遭遇一些失败也非常必要。比如说，当一个文学或艺术方面的天才开始以经营为生，那么他失败的可能性就非常大，因为其禀赋不在此；而正因这方面无有建树，他才会把才能投入真正的事业上获得更大的成就。对许多百万富翁来说，若舍尽家财能换来莎士比亚的文学造诣或者佛陀的精神境界，那也是一笔很划算的生意。精神成就往往没有财富相伴左右，当然，金钱也无法比拟其伟大与壮美。但在此书中，我无意探讨哪位圣人或精神领袖的成功，而是世俗意义上的，饮食男女关于财富和幸福的成功。简言之，我们在此讨论的成功多多少少与钱相关，又绝不仅限于此，而是与各种各样的人类活动相关，与人和所处环境的和谐度相关。这种和谐催生出的幸福和愉悦感，也包含在我们定义的"成功"范围内。为了研究清楚这一点，让我们来看看，道德的这八条准则如何发挥作用，成功的屋檐又是如何在这八根"支柱"的支撑下，为人类提供安身立命之所。

第二章

# 第一支柱——能量

# 懒惰的人一事无成

✦

当懒惰的人在抱怨做一件事多难时，精力充沛的人已经着手在做了；当懒惰的人刚刚挣扎着起床时，精力充沛的人已经做了大量的工作。当懒惰的人还在消极等待机会时，精力充沛的人已经走出门去，抓住并用掉了成沓的机会。精力充沛的人在做事，而懒惰的人，还在揉着眼睛打哈欠。

能量是实现一切成就的动力源。它能把煤点燃为火，能把水蒸发为水蒸气，它能激活最普遍的才华使之登峰造极，当懒汉拥有能量后，此前的混沌呆滞也将变得活力盎然。

精力充沛也是一种美德，与之相反的，是懒惰。

作为一种美德，精力也是可以培养的。一个懒惰的人如果能时刻警醒自己，也可以变成一个能量充沛的人。相比精力充沛的人，懒惰的人就像丢了魂儿一样。当懒惰的人在抱怨做一件事多难时，精力充沛的人已经着手在做了；当懒惰的人刚刚挣扎着起床时，精力充沛的人已经做了大量的工作。当懒惰的人还在消极等待机会时，精力充沛的人已经走出门去，抓住并占用了成沓的机会。精力充沛的人在做事，而懒惰的人，还在揉着眼睛打哈欠。

能量是人类最主要的力量之一，没有能量，人类将一事无成。不论在什么活动中，能量都是一个基本要素。放眼宇宙，它是一个难以捉摸的，无休止的能量现象。能量是生命之源，没有它，生命和宇宙都无从谈起。当一个人丧失行动能力，机体走向停滞，身体功能全部停止，我们称之为死亡。也就是说，当一个人不再有能量，他就死了。人的大脑和机体，都是为了运转而生，不是为了被圈养起来。每一块肌肉，都是对懒惰的抗议；每一根骨骼和神经，都是为了质疑而存在；每一种功能都得物尽其用。它们的存在都完美对应着功用。

正因如此，那些懒惰的人不会收获成功，也不会收获幸福，甚至无法享受安逸的庇护所。最终，他会变成一个无处可依的、麻烦缠身的、遭人唾弃的流浪汉。俗话说，"懒汉做苦工"，正是因为他们不愿为高级技能付出努力，所以不得不从事更加辛苦的劳动。

即使是带有破坏性的能量，也比没有能量强。正如圣约翰所说的："我希望你要么滚烫，要么冰冷；如果你是温吞的，那么我会立刻吐掉。"滚烫和冰冷分别代表了好和坏两种能量。

"温吞"的这个状态无色，无生气，当然也无用。我们无法判定它是善还是恶，因为它是一种荒寂的、什么果子也结不出的状态。如果一个人把自己充沛的能量都用在了恶的目的上，也就是用尽气力都是为了谋求私利，那么他最终获得的，只能是困境、痛苦和悲伤。这些遭遇会迫使他从中吸取经验，成为改变自己的行为诱因。在某一个时刻，当他幡然醒悟，就会改变自己前进的方向，把自己的能量用到新的、恰当的方向，一如之前他在恶的驱使下所做的那样。有一句古老的谚语揭示了这一真理"罪孽越深重，救赎越崇高"。

# 保持觉醒

✥

想做成一件事，那么立刻去做，充满活力去挑战它。

精力就是能量，没有它，任何成就都不可能达成，甚至连美德都不会存在——因为美德不仅仅是不作恶，更重要的是行善。有一部分人尝试行善，但由于他们没有足够的精力，因而也没产出任何好结果。这当然不是恶，因为他们本心没有想刻意搞破坏，所以他们常常被称为"失败了的好人"。然而，没有做恶的本意并不等于行善。如果一个人有能力做坏事，却选择了将自己的能量用在做好事上，那是真正的好人。能量太过孱弱时，也无力支持道德。就像没有机器做功，就不会产生任何动力一样，善意只是软绵绵沉睡的话，也不会成长为善行。

能量是生活中主宰性的存在，包括物质生活和精神生活。行动的呼唤来自各种思想境界的启迪昭示，呼吁人们唤醒沉睡的能量，激情饱满地面对当下的事务。即便是冥想的导师，也从未停止教导自己的学生去感知冥想的力量。生活的各个方面都需要充沛的能量，不仅军人、工程师或商人的行事准则如此，几乎所有的圣人贤士所推崇的，也都是"付诸行动"。

一位伟大的先哲曾教导他的弟子，"保持觉醒"。一句话，精炼地概括出了不竭的能量对有所成就的必要性。不论对商人还是对修行人来说，这句话同样有益。"自由的代价是永远不能放松警惕"，而获得自由，就达到了一个人的终极目标。这位先哲还曾说过，"如果想做成一件事，那么立刻去做，充满活力地去挑战它！"这句话的智慧在于，行动具备的创造力，以及其增长和发展都源于充分运用能量。要想获得更多的能量，我们必须就现有阶段的情况全力以赴，只有这样才能积聚更大的能量，只有充满精力地处理手头的事物，力量和自由才会降临。

# 善用能量

❖

　　一些人成功是因为他们善用自己的能量；而那些失败的人呢，他们的能量不仅散乱，而且往往随意滥用。

　　要想努力且卓有成效，只奔着"有好结果"这个目标而去是不够的，还必须善加调伏和节制。"善用"这个现代词语揭示的是自然法则：没有一点能量被浪费或废弃。如果一个人想要付出的努力有所结果，那就应该遵照这一准则。聒噪和慌张，其实就是在大量地浪费能量，所以俗话有云，"欲速则不达"。做事时响声越大，达到的成就往往越低，因为如果大家都在吵吵嚷嚷，就没有时间和精力把事做好了。专注工作时不会有闲言碎语，心浮气躁才会闹出很大的动静。

使子弹破膛而出的，是其中安静的火药。

　　当一个人通过恰当地节制能量，使其集中在专注于实现自己的目标时，他会进入到安静、冷静的状态。人们常常以为，谁的声音响，谁的能力就大。这不过是一种幻觉。不然，世界上最厉害的不就是最能吹牛的人了？那些聒噪的人，外表是个成年人，内心却还是个孩子，没有力量，没有成就，唯有通过不断地大声宣称自己做了什么或能做什么，来弥补内心的虚空。

　　所谓"静水流深"，最伟大的力量往往最静默无声。凡沉静之处，总蕴藏着巨大的力量。我们几乎可以说，沉静代表着一个意志坚定、训练有素、自律的头脑。冷静的人知道自己在做什么，甚是笃定。他可能少言寡语，但字字珠玑。他的计划总是井井有条，实施起来有条不紊，就像一台设置好的精密仪器。他总是计划得长远，朝着明确的目标迈进。困难，本来应该是敌人，他却能与之"化敌为友"，并对其加以充分利用，因为他深知，"发现嗔怒出现在自身上时，就与它和解"。如同一名睿智的将军一样，经历过所有的紧急行动。显然，他属于未雨绸缪的那一类人。在他谋虑时，在作出判断时，他已经思考了前因后果，将所有的相关信息串联了起来。他永远不会措手不及，不会慌里慌张，而是按照自己的节奏按部就班，时时刻刻把控全局。有时，你可能觉得，这次他终于被我算计到了，但是下一刻却发现，自己匆匆忙忙，却反被他摆了一道；更有甚者，自己掉进了原是为他准备好的陷阱。你的一时冲动，根本无法与他的步步为营相匹敌，只会在第一步就被识破；你那散乱的能量，也无法与他集中又指向精准的能量相对抗。可以说，他是全副武装的。高度的自律塑造了其坚定的精神境界，乃至他遇到的阻力竟相互消磨了。你用刺耳的语言激怒他，他报你以温和的回应，而其中暗藏的责备，却使你的愚蠢愈加凸显，你的怒火最终化为悔恨的灰烬。你妄图靠近亵渎他，但一接触到他的目光，立刻满心羞愧，回归理智。他坦然面对一切境遇，面对各种人物，但人们还不知道如何面对这样一个人。他几乎没有什么弱点，通身体现出一种内心的力量，这种内在的力量已经成为他下意识的常态。

　　镇静与因疲惫而导致的沉寂不同，它是一种能量极为专注的状态，存在于清明觉知的头脑之中，平时看不到，也摸不着。当人在愤怒或兴奋时，这种觉察的专注力就消散了。无法控制自己的情绪是不负责任的表现，也是无力的表现，易怒的人不会有任何影响力，他非但不能把人们吸引到身边来，反而会使得人们想远离他。他搞不清楚，为什么那些"好相处"的人能获得成功，能受人追捧。而他自己这样一个一直匆忙、着急、抓着错误不放的人，却总是失败，别人避之唯恐不及。那些好相处的人，不仅更亲善也更细心，总是能更有技巧地完成更多的工作，更沉着也更有底气。这就是他们成功的原因——善用他们的能量。而那些失败的人呢，他们的能量不仅散乱，而且往往随意滥用。

# 能量的四要素

✦

能量是一种"复合力"，不会单独存在，它包含了其他的品质，塑造有活力的个性并带领人们走向成功。这些品质主要包括以下四种：敏捷果断，警觉，勤劳，认真。

能量是成功之殿的第一根支柱。如果没有它，成功根本无从谈起。缺乏能量，就意味着没有能力，也无从建立自尊和独立。我们会发现，在那些失业者中，很多人都缺乏成功的这一支柱。街角上站着的那个人，每天在那儿一站就是数个小时，双手插在兜里，嘴上叼着烟斗，只等着有哪个好心人过来请他喝一杯。这种人不太可能找得到工作，就算真的有工作机会找到他，他也不太可能接受。生理上的羸弱加之精神的懒惰，使他们每天都在走下坡路，只会使得自己越来越不适合工作，越来越不适应生活。而精力充沛的人呢，可能他也会暂时地失业或陷入困境，但他绝不会就此沉沦。他总会想方设法地从中走出来，重新就业或者创业，因为对他来说，怠惰十分痛苦，工作才能带来愉悦。那些真正热爱工作的人，不会失业太久。

相反，懒惰的人不希望工作，因为他们十分享受无所事事的状态。他们最关心的，就是如何逃避努力。对他们来说，幸福就是懒散的、什么也不用做地过日子，不用工作，也不想工作。就算是希望所有人都有就业机会的人，也会在富人的门前，解雇一个懒惰的、没有责任心的、不能给雇主带来任何益处的人，因为懒惰是任何头脑清醒、有行动力的人都不能容忍的问题。

能量是一种"复合力"，不会单独存在，它包含了其他的品质，塑造有活力的个性并带领人们走向成功。这些品质主要包括以下四种：

敏捷果断，警觉，勤劳，认真。

因此，能量这根支柱就好比这四种强黏着力的元素形成的混凝土结构，坚固，稳定，能经受得住最恶劣的挑战，帮助我们不断进步，收获力量，体悟生命。

◎**敏捷果断**是一种珍贵的品质。能时刻保持警觉、要求精准的人往往值得信赖。人们倾向于相信，机敏的人可以高质量地履行职责。果断的领导者是员工的强心剂，是督促懒惰的员工的鞭子，让那些可能无法做到"自律"的人获得"他律"。因此，他们不仅实现了自己的价值和成功，也帮助其他人迈向成功。相比之下，敷衍的人总是会拖拖拉拉，成为别人都讨厌的那类人，他们的工作也没有什么经济价值。可以说，即刻行动的能力是获得成功的一大保障。我不太确定，一个拖延症患者是否能成功做成一件事，因为我自己还没见过成功的例子——失败的例子我倒见得不少。

◎**警觉**是头脑中所有功能和能量的护卫，它时刻提防一切暴躁情绪或毁灭性的因素的入侵，是成功、自由和智慧的保护伞和密友。不能保持警觉的人往往显现出愚笨，愚笨的人不可能获得成功。对于愚笨的人来说，当受到强烈的情绪干扰时，他的思考力和判断力就会被打乱。他不会"保护"自己的头脑，任由外界的各种因素对其施加影响。他没有坚定的立场，每当有一点外界的冲击呈现，他就会失去平衡继而被击倒。这样的人，完全就是反面教材的典范。愚笨的人永远是失败的，在任何一个社会中，都不会得到别人的尊重。如果说智慧是力量的顶点，那么，愚笨就是终极的软弱。

缺乏警觉表现为做事轻率，不注意生活中的细节。轻率是愚蠢的另一个名字，是许多失败和悲剧的根源所在。那些希望发挥才能、获得成功的人，绝不会对自己的行为和其给他人包括自己带来的影响熟视无睹。他们会在事业起步之初，就对自己的职责无比明确。他知道自己所处的场合和身份——家里还是账房，讲台还是商店，学校还是收银台，有人同行还是踽踽独行，工作还是玩耍——所有行为都会为他的事业带来或好或坏的影响。一个人的行为会给与其接触的人留下印象，这一印象往往决定了人们对待他的态度。正因如此，一个和谐的社会才会把培养得体的举止看得如此重要。如果你本身言行举止就惹人生厌，那么不难想见，你想做成的事绝不可能顺利。所有的努力会因为你的举止失当而被白白浪费，就好像强硫酸腐蚀了上好的钢铁一样。最终，幸福和成功愈来愈遥不可及。反过来，如果你一直处于极佳的精神状态，不论你做什么，所有有利的因素就会不断朝你汇聚，带来朋友和机遇，帮助你朝成功的目标大步迈进。甚至，它能掩盖掉一些因能力不足导致的小失误。

我们付出过什么，就会得到什么，所以善有善报，恶有恶果。草草了事的行动，发挥的影响力无关紧要，成就平平；而全情投入的作为，则会收获巨大的成功。我们作出的每一个行动，世界都会给予回应。愚蠢的人失败之后，总归咎于其他人，不会反思自己的问题；智慧的人，不断自省以求进步，最终将成功收入囊中。

因此，时刻保持警觉且做好准备行动的人，已经具备了实现目标的重要"利器"。如果，一个人能充满活力，在任何情况下都能认清形势和机遇，摒弃个性上的缺点，那么，他还有什么问题是解决不了的，有什么敌人是不能击败的？还有什么能阻挡他实现目标、获得成功？

◎勤奋可以给人带来愉悦和满足。在人群中，勤奋的人往往是幸福感最高的。他们不总是最有钱的，但却是内心最轻快、最快乐的，他们对自己所有的一切最满足。如果把"富有"定义为幸福，那么他们最富有。积极向上的人没有时间闷闷不乐或犹豫徘徊，也不会对着一点小麻烦整天郁郁寡欢。刀越用越快，人越做事脑子越灵光，精神也就越高涨。人越是闲散越会觉得无聊，甚至会堕入病态的幻想。放任自己"消磨时间"基本等于承认自己的愚钝。对勤奋的人来说，自己可掌控的一生短如白驹过隙，面对浩瀚广博的世界，每分每秒都应该用到极致，唯恐时间太少，不能把自己想做的事情做完。

除此之外，勤奋也对健康有益。一天辛劳之后，晚上早早上床，一夜酣睡；清晨早早醒来，活力十足，准备好迎接新一天的挑战。他的胃口不错，休息的时候懂得娱乐，工作的时候全神贯注。那么，与一个整天神色恍恍的人相伴的是什么呢？是病态的精神，整天无所事事，暴饮暴食。有所贡献的人，总会得到相应的回报，或是健康，或是幸福感，或是成功。每一天，他们都尽心尽力完成使命，让这个世界保持正常运转。他们是国家的财富，是社会的根基。

◎认真，就意味着全身心投入自己的工作，一个人所做过的事体现出他的存在。不论做什么，如果没有达到最高标准，认真的人总是会心存不满，然后想方设法达到那一标准。一位伟大的导师曾言："认真是通往不朽的捷径。认真的人精神永存；浑浑噩噩度日的人如同行尸走肉。"当敷衍了事的人觉得自己做得"还不错"时，这些自我要求严格的人正因卓越的表现而熠熠发光。在各行各业，总有空间是为这样的人而准备，让他们发挥自己的才能，而他们也往往不负所望，出色胜任。他们兢兢业业，恪尽职守，坚韧不拔并废寝忘食，直到做到尽善尽美，才肯罢休。世界总是会给予这些人回馈，可能是财富，名声，友谊，也可能是影响力，幸福感或是眼界。不论在物质世界还是精神世界，不论是便利店老板还是教授圣贤之道的老师，卓越的成就都终将被认可。请放心地、毫无保留地向世界献上你最好的一面，你的认真终会在你的一言一行中留下烙印，使你的事业成功，使你的理念永存。

认真的人，不论工作还是品性都会进步很快，因此我们才说这类人是"不死的"，因为停滞才意味着死亡。如果一个人不断提高、不断进步，那么他的生命就生机勃勃。

这就是成功之殿的第一根支柱。凡能够将这根支柱建造得笔挺而坚固的人，这一生便有了最有力的支撑。

第三章

# 第二支柱——经济

# 经济就是不浪费

❖

人们恰如其分地运用能量，持续地承担
好自己在组织或系统中的角色。

大自然中不存在绝对真空，也不存在浪费。在整
个自然系统中，所有的一切都可以互相转化，以实现
最高程度的利用率。即便是排泄物，也可以通过化学
作用转化为新的生命形式。大自然处理"废物"的方
式不是消灭，而是各种形式的转化，最终使其变得有
用，变得美好。

经济，也就是不浪费，是一条普遍适用的自然法
则，也是人类的一种道德品质。人们恰如其分地运用
能量，持续地承担好自己在组织或系统中的角色。

金融意义上的"经济"只是经济法则的一个面向，

或者说，是精神意义上的"经济"在商业经济中的物化表征。经济学家会用铜换取银，银换取金，金换取钞票，钞票再转换成银行账户上的数字。通过这一系列将金钱变得更方便交易的转换，他们实现了对财政事务的管理。而精神层面的"经济学家"会将激情转换为才智，才智转换为准则，准则转换为智慧，智慧转化为现在强有力的行动，通过这一系列的转换，他们实现了对自我品行和性格的管理。

　　不论在物质上还是精神上，经济都意味着维持在"浪费"和"悭吝"的中间状态。不管是金钱还是精神能量，一旦被浪费，就丧失了价值；如果一直留着不用，也同样会变得无用。为了确保这些资源用处最大化，我们必须将其加以集中，再合理利用。当然，积攒和集中只是手段，目的还是为了利用。唯有被使用了，金钱和能量才能真正发挥其效力。

# 寻找平衡点

✥

全面的"经济原则"，意味着在以下六个方面找到中间的平衡点：金钱，食物，衣着，娱乐，休息和时间。

全面的"经济原则"，意味着在以下六个方面找到中间的平衡点：金钱，食物，衣着，娱乐，休息和时间。

◎金钱代表交易，代表着购买力。一个人如果想要积累财富，或者至少避免债务，就必须学习如何分配自己的财产。收入与支出应该相匹配，还得预留一部分流动资金，或者一部分应急资金。如果毫无计划，只是把钱都花在寻欢作乐上，那么钱就都被浪费了，也没有发挥什么实质性的效用。理性消费，才是深入渗透在我们日常生活中的一种力量。挥霍无度永远不会变得富有，就算一开始他是拥有财富的，最终也会一贫如洗。另一方面，吝啬的守财奴也不会变得富有，因为贪婪，那些被他深藏起来的金子失去了购买力。节俭有度、有计划的人，才会最终变得富裕，因为他们在消费的时候十分谨慎，控制在自己能力范围内，财富的积累也会不断增加。

想从拮据变为富有，就必须踏实地从最基础一步步往上努力，一定不要妄想通过超过自己能力范围的路径。在最基层可施展的空间很大，并且没有再往下跌的顾虑，朝前走就好，是个不错的起点。很多年轻的商人，一无所有时就学会了吹嘘和炫耀，认为这是成功必备，但除了他自己以外，他谁也骗不了，因而很快就失败了。不管在任何领域，刚刚起步时，与其吹嘘夸大自己的实力，不如谦虚地、脚踏实地地从头做起，反倒更容易成功。有多少资金，就经营多大的生意，资金数量和规模就像是手和手套的关系，应该彼此合适。将自己的资金集中在它能做到的事情上，不管起步的时候有多少局限，将来总会随着资本的积累增加，不断扩大范围。

总而言之，一定避免挥霍和吝啬这两个极端。

◎食物代表着生命、活力，代表着生理和精神上的力量。但和其他一切一样，饮食也应有度。人要成功必然要有充足的营养，但是也不应过食。一个人如果节食过度，不论是因为吝啬还是禁欲，他的精神能量一定会减少，身体也会变得羸弱，无法为实现目标而全力以赴，注定会走向失败。

然而，过犹不及，贪吃的人也会因"过食"而毁掉自己。他粗重庞大的身躯内，储存了大量毒素，引发疾病和衰坏，他的头脑，也变得粗鲁而混沌，越来越不顶用。贪吃是最低级的动物本性之一，也是所有追求"适度"的人最厌恶的特质。

出色的员工和成功的人，往往都是饮食适度的。适度的营养让他们的精神和身体都处于最佳的状态。由于这种适度，他们能够精力充沛地、元气满满地面对生活中的挑战。

◎衣服是对身体的遮蔽和保护，但同时，它也适用于"经济"原则，不应成为一种虚荣。对于衣着，人们应当避免的两个极端是忽视和虚荣。习俗不应被忽视，而其核心应该是干净整洁。穿着乱七八糟的人，往往更容易受到失败的"青睐"，也更难交到朋友。一个人的穿着，应当符合其社会地位和生活状态，质地良好，剪裁合体。当一件衣服还比较新的时候，我们不应该轻易就把它抛弃。就算一个人生活窘迫，如果他的身体干净整洁，衣可蔽体，那么他也不会因为衣衫破旧而失去自尊。相反，虚荣且过分追求奢华的衣着，是一个良好德行的人所摒弃的。我认识的一位女士，衣柜里有不下四十条裙子；我还认识一位男士，有二十条手杖，二十顶帽子，成打的雨衣；还有位男士有二三十双靴子。在购置衣服时挥金如土的有钱人正在走向贫穷，因为挥霍总会招来欲望。这些被浪费掉的钱，本可以有更好的利用之处，比如做慈善，就属于一种高贵的利用金钱的方法。

太过花哨的衣着和浮夸的珠宝只能说明其主人没

有品位，内心空空。谦逊文人的气质也体现在他们的打扮上，但他们的钱大都花在了提高自己的修养和美德上。对他们来说，接受教育和实现自我提升比装饰更重要，相比之下，艺术、文学和科学更受他们的喜爱。真正的提高，在于一个人思想和自身行为举止。智慧的大脑可能会增加一个人的吸引力，而过分关注外表和身体则显得不那么迷人。把大把时间花在矫饰自己的外表上，倒不如做一些更有益的事情。穿着也好，其他也罢，最好的状态都是"简洁"，得体，舒适，展示躯干美，也体现出主人的良好的品位与素质。

◎娱乐是生活必不可少的 部分。每个人都应当有一份主要的工作，以此作为生活的核心，并为之投以大量的时间和精力；在这之余，可以在某些特定的时段进行娱乐活动。娱乐是为了让身体和头脑重回活力，以更高的效率回到工作中。因此，娱乐只是一种方式，而非最终的目的，这一点应当时刻谨记在心。有些娱乐方式本身并没有什么害处，但正因它们太过有趣，很多人竟将其当作了生活的意义，沉迷其中，忘记了自己担负的职责。没有目标，只有无尽的玩乐，这样的人生是本末倒置的，最终的结局，也只能是百无聊赖和萎靡不振。这样的人往往最不快乐，深受虚乏无力、空虚和暴躁的折磨。就像酱料只能是食物的调味品一样，如果把娱乐反当成人生的主题，那么人生注定是悲剧。一个人，在一天的辛苦之后，消遣一下来放松身心是完全可以的。这样，娱乐和工作都会成为他幸福的"调味品"。

既不能一味埋头工作，也不能完全纵于享乐，懂得因时因地，这才是真正符合"经济"的原则。这样调配好时间，才能真正成就长久而充实的人生。

对脑力劳动者来说，该休息的时候就好好放松、充电，工作效率会大增；而体力劳动者，就可以在工作的空当，学一点东西，从而养成学习的习惯。

我们不会一直进食、睡觉或休息，也不会一直锻炼或玩耍，因此，娱乐在遵循"经济"原则的生活中占据恰当的比重。


◎休息是辛勤之后的修整。每一个珍爱自己的人都会辛勤工作，晚上酣然入睡，清晨醒来时又精神抖擞。

充足的睡眠是必需的，但睡不够和睡太多都对身体有害。我们很容易就能测算出，一个人需要的正常睡眠时间是多少。每天早点儿上床，次日早些起床（如果你有赖床的习惯，早上就更要早醒一些），这样，我们很快就能搞清楚自己的身体每天需要多久的修整时间。而且我们会发现，睡眠的质量越高，我们所需要的睡眠时长就越短。那些成功的人从来不会沉迷温柔梦乡，因为生活真正的目标，是挥汗如雨的奋斗，不是一时安逸。放松能帮助到工作时，它才是有用处的，懒惰和成功永远不可能为伴。懒汉终生追求成功而不得，相反失败却常伴其左右。休息是为了更好地工作，不是为了纵容人们享乐，所以当身体恢复了活力，休息的使命也就完成了。在工作和休息之间若能寻得平和，那么个人的健康、幸福和成功就都能得以保障。

◎时间是最公平的东西，任何人的一天都不会比别人的更长。因此，我们应该确保自己珍贵的时间没有白白浪费掉。有些人把时间都花在了放纵和享乐上，最后，他们发现自己两鬓斑白却一事无成；有些人分秒必争、日夜勤勉，最终荣耀加身、智慧满腹，成功更是不在话下。钱花光了可以再赚，但时间溜走了，就再也回不来了。

有一句老话说得好，时间就是金钱，与健康、能量、才华、天赋和智慧等一样，你怎么利用它，它就给你怎样的回馈，所以我们更应该抓紧时间——毕竟，时光一去不复回。每一天，我们都应当对要做的事分门别类，然后在合适的时间做合适的事，不论是工作还是休息、学习还是娱乐。"准备"也是一个不容忽视的阶段。不论你在哪个行业，如果你能每天抽出一小部分时间来为这一天做计划，那么你一定会做得更加出色、更加成功。每天早起做计划的人，就有空间可以掂量轻重、预判下一步，因而在做事时总能展现出更高的水平。那些不到最后一刻绝不起床的人呢，只能勉强挤出吃早餐的时间。事实证明，早餐前的这一小时，对成功起到巨大的影响作用，这一小时是整理思路的时间，是合理安排自己时间和精力的时候。成功往往属于在早上八点前就起床的人。那些六点已经开始工作的人，比那些八点还在床上的人领先了不止一点。赖床的人，其实让自己处在了人生竞赛的劣势地位。每一天，他都"让"给勤奋的竞争者两三个小时的时间，那他怎么指望能赢过对方呢？到了一年的末尾再看，每一天两三个小时的差异，日积月累，已经变成了巨大的差距。如果把时间范围扩大到二十年呢？结果更加难以想象。此外，赖床的人总是不得不急急忙忙，想要追赶回落下的时间，结果却是浪费了更多，因为匆忙总是会让人事倍功半。早起的人从来不会慌张，他总是赶在计划的前头，做起事情来得心应手。由于时间充裕，他可以冷静地、深思熟虑以后再做决定；由于他良好的习惯，他的一天都是开心轻松的，所做的事也会取得更好的成果。

# 经济的四要素

✣

> 要建造这一坚实的"经济"之柱，主
> 要需要以下四种品质：适度，效率，智谋，
> 原创。

既然我们谈到了"经济"，也就意味着人们必须从生活中"剔除"掉一些东西。为了人生的大目标，不论是我们热爱的，还是想要得到的，都需要适当放弃，这是实现成功的一个重要部分。所有伟大的成功者都是给生活做"减法"的能手。无论是思想上、行动上，还是言语中，抛掉那些冗余的、妨碍我们朝目标前进的因素。失败者总是夸夸其谈、行动虚浮，头脑中满是外界"倾倒"给他们的思想，有好有坏，不做区分就全盘接收。

　　真正做到"经济"可不仅仅是攒钱这么简单，它几乎渗透到了我们生活和个性的方方面面。俗话说，"管好便士，英镑自己就会来"，最开始萌发的小情绪也是如此。任由情绪泛滥并非好事，但若好好管理、涵养并转化这些情绪，它们将铸成性格的力量。肆意挥霍情绪，纵容它化为负面能量，是对我们宝贵精力的浪费，进而也就形成了更大的损失。相反，善加利用并节制情绪就像储存精力这一便士一样，从而得到价值丰厚的英镑。处理好一点一滴的小情绪，逐渐就能在更大层面上获得成功。

　　要建造这一坚实的"经济"之柱，主要需要以下四种品质：适度，效率，智谋，原创。


　　◎适度是"经济"之柱的核心，它避免了走向极端，凡事找到适中的位置，也意味着杜绝了一切冗余和有害的东西。但是，对于"邪恶"来说，没有"适度"这一概念，因为坏就是坏。因此，"适度"这一概念不包含"适度的邪恶"。比如，适度用火不是指要把手"适度地"放到火里去，而是把手放在离火一段距离的地方取暖。所谓"邪恶"，就是会烧到人的火，因此最好还是避而远之。酗烟、酗酒、赌博等恶习，已经将成千上万的人引入痛苦和疾病，从未引人走向健康、幸福和成功。在机遇和能力同等的条件下，没有沾染这些恶习的人会比沾染了的人领先一步。据观察发现，健康、快乐和长寿的人，往往是懂得节制的人。由于凡事适度，生命的力量得以积存；反之，力量会早早被损耗。时刻将适度谨记于心的人，也会把这一原则应用到精神世界，自觉避免那些病态的、有害健康的情绪，而将所习得的知识和智慧用于追求更多的幸福和力量上。不懂得适度的人，终因自己的愚蠢而自取灭亡。他们消耗自己的能量，削弱自己的能力，最终，至多只能获得一时成就，不可能获得持久的成功。

◎效率源于以正确方式积攒力量。技能，是能量的集中体现，像天赋这样超乎一般的技能，就是更高层级的集中力量的体现。人们总是在自己感兴趣的事情上表现出色，因为心思会不由自主地集中在上面。按照将经济原则运用到精神领域的说法，技能，就是大脑将想法转化为创造力和行动。如果没有技能，人不可能取得成就。当然，技能水平也往往决定了成功的程度。经过自然选择，劣势的事物被淘汰，没有人愿意雇用一个做不好工作的人。某些时候，可能用人方会出于慈善的心理，用一个技术欠佳的人，但这属于例外的情况，毕竟不是所有的单位都是慈善组织，不是所有的人都是慈善家。每个企业，都要为自己的效率和雇员负责。

技能的提高需要悟性和认真。漫无目的又粗心的人通常都找不到工作——只能在街角不断徘徊。因为调动不了自己的大脑去思考并集中精神，他们甚至连最简单的事情都没有办法做好。最近，我的一个熟人雇用了一个流浪汉来擦窗户，但是流浪汉已经太久没有工作了，久到已经没有了系统思考的能力，连窗户都擦不了。即便教了他怎么做，他仍然理解不了最基本的指示。这是一个例子，证明了即便是最简单的工作也需要技能。效率，在很大程度上决定了一个人在他的行业中的位置，随着能力的不断增强，他的位置也会不断上升。一个好的技工，善用自己的工具；一个智慧的人，善用自己的大脑。智慧是最高级的技能，而天资则是最初级的智慧。要做成一件事，可能只有一种对的方式，却会有千百种错的可能。技能就是不断地寻找和践行这个对的方式。无效率的失误存在于那千百种错误的方式中，即便有人指出对的来，这些人也不会听。有时候，他们认为自己知道什么是最好的，但事实上他们并不知晓自己的无知，因此陷入无法学习的境地——即使是最简单的擦个窗户、拖个地。欠考虑或效率低下的情况在日常生活中太常见了。这个世界有很多机会是为普通人准备的，但也有更多是留给思考周全且高效的人的。雇主们知道要找到真正的匠人有多难，而那些有一技在身的人呢，不论是善于工具的还是头脑灵活的，口才伶俐的还是思维敏捷的，总是不愁找到能发挥才能的地方。

◎足智多谋是高效率的成果，也是成功的一个重要因素。聪明人永远不会一筹莫展。他可能也会失败很多次，但总是能很快看清形势，找到方法再次站起来。这是能量积累的结果，也是能量转换为智慧的表现。当一个人抛弃掉不断侵蚀自己能量的恶习之后，这些积累的能量怎么样了呢？众所周知，能量不会被浪费或销毁，它会转化为生产力，转化为丰厚的思想，重新出现。理性的人比恶习累累的人更易成功，因为前者满是智慧，精神状态饱满，充满能量；后者虚度浪费掉的东西，前者以更有益的方式加以利用。理想的、美好的新生活和新世界，总是向那些摒弃了原始的动物性恶习的人打开大门，而足智多谋的人，一定会在新世界中占有一席之地。不结实的种子在土壤中终会枯萎，在认可"产出"的自然界里，没有它存在的空间。没有智谋的人在生活的挣扎中沉沦，因为人类社会需要向善而行，没有多余的资源留给空洞的灵魂。但是，空洞的人也不会永远空洞，当他下定决心，就一定可以找回自我，有所成就。从存在意义来讲，劣迹斑斑的一定会失败，但也有重新站起来的可能——前提是他洗心革面、一心向善，依靠自己的力量立起来，不卑不亢。

足智多谋的人富于创造性和发现力。他们不会失败，一直处于进步之中。他们头脑中不断有新的计划、新的方法和新的希望，因而生活也更加充实和丰富。

如果一个人无法在自己的思想和事业方面更进一步，那么就意味着他开始走下坡路。他的头脑会变得像老人一样僵硬而懒惰，跟不上头脑敏捷的人的步伐。有智慧的头脑就像永不干涸的河流，即便遇到干旱时期，也会有源源不断的新鲜活力注入。当别人已经无计可施的时刻，足智多谋的人仍会才思泉涌。

◎创造力是更为成熟、趋近完美的智慧。创造力启发天赋，而天赋是世界上最耀眼的光芒。一个人，不管来自哪个行业，都应该依靠自己的智识来做好工作。当然，他可以向同业学习，但是决不能盲目模仿；他应该把自己的特色体现在工作中，使之具备创新之处。哪怕最开始会被人们忽略，但有创造力的人终将得到认可，引领人们前进。当一个人发现了创造力蕴含的奥秘，一定会成为自己领域的先行者。然而，创造力不能强求，只能被激发，通过充分调用自己的能量去提高技能，一点点精益求精。一个人如果对自己正在做的事情足够专注，毫不分神，那么终有一天这个世界会认可他的能力和成就，就像巴尔扎克一样，经历艰苦的磨砺之后，终能骄傲地宣布："我要成为一个天才了！"最终，他成为了创造力的模范，激励其他人走向一条更新、更好、更有利的路。

自此，第二支柱的构成也得以充分展示了——如何有技巧地、经济地运用自己的精神能量。

# 第四章

# 第三支柱——正直

# 付出才有收获

✣

　　一个人要想成功，必须学会如何为自己
的所得去付出，不论是精神上还是物质上。

　　天下没有白占的便宜。要想得到一些东西，必须
有某种形式的付出——而且不可违反道德。靠欺骗获
得的成功就像泡沫一样，是不可能持久的。赌徒、骗
子可能短时间内获得大量的财富，但最终也会很快失
去。欺诈最终什么都得不到。而且，欺诈可不仅是属
于无耻骗子的手段，所有通过不正当手段得利的行为，
不论当事人是否意识到，都属于欺诈。那些整天想着
怎么不劳而获发大财的人，都属于"偷窃"，至少精神
上和小偷或骗子无二，迟早也会失去一切。偷窃，不
就是把夺取别人家的钱财看作顺理成章的人？偷窃，

不就是把"拿了不还"这种非法手段看得合乎情理的人？所以一个人要想真正成功，必须学会如何为自己的所得去付出，不论是精神上还是物质上。这条原则在商场普遍适用；在精神层面，即"己所欲，请先施于人"，这是普世适用的，从科学的角度解读即是"作用力和反作用力永远相等"。

人是需要相互帮助的物种，如果一个人把其他人都当作猎物，那么他很快会发现，自己独处于一片荒漠之中，远远偏离了成功的道路。他离那些诚实守信的人越来越远，往往最适应于群体的人能够生存，而他则趋向穷途末路。除非做出改变，否则他会越来越孤立无援，他所作所为非但没有任何积累，反而在毁损，最终害了自己。

一个不诚实的人无法有所建树，因为他没有工具，也没有可用的"材料"。他无法建立健全的人格、事业，乃至成就。他不仅自己无所建树，甚至还会将力气都花在破坏别人的成就上，也因此败坏了自己。

# 为什么要正直？

❖

> 正直不仅是人类社会的生存法则，更是
> 整个宇宙的运转规律。
>
> 正直的人如同得到不断滋养的大树，挺
> 拔而坚韧，多大的风暴都经受得住。

没有了正直，能量和经济之柱都会最终倒塌；反之，有了正直的加持，这两根支柱会更加坚固。道德在人生的方方面面都扮演着重要角色。不论何时何地，对任何打交道的行为来说，正直都是最好的保障，因为它的定义恒常不变。正直不仅是人类社会的生存法则，更是整个宇宙的运转规律。谁能无视法则呢？谁又能玷污一个绝对正直的人呢？正直的人如同得到不断滋养的大树，挺拔而坚韧，多大的风暴都经受得住。

一个人要想变得坚不可摧，必须把"正直"践行在生活方方面面的细节中，且坚定不移，不会因为任何诱惑有丝毫妥协。有任何一个细节没能坚守住，都意味着功亏一篑。不论是在怎样的压力下，不论多么迫不得已，只要是迈错了一小步，哪怕非常不起眼，也意味着放下了"正直"这块盾牌，让自己暴露在邪恶的蹂躏之下。

当老板不在场时，如果一个工人仍能做到如老板在场时那样认真、投入，那么，他不会永远只做不起眼的工作的。履行职责不要滑，落实细节不偷懒，这样的人会很快在职场上有所收获。

反之，那些老板一走开就开始溜号的懒汉，且不说浪费了老板的时间和金钱，自己也终会因此而失去工作。这样的人在工作中得不到重用。

当然，不能完全坚守正直的人也会遇到这样的挑战：说个小谎，或者做点手脚，就能获得丰厚的回报。当然，我说的是那些"不能完全坚守正直的人"。真正坚守正直的人在任何情况下都不撒谎，所以他们从来不会也不可能被诱惑。当诱惑太过强大时，他们也能毅然摒弃摇摆不定的可能，坚定地守住底线，宁可受苦或受损失，也不让自己成为小人。唯有这样，一个人才能真正称得上有正直原则的人；而这样的人最终也会发现，正直并不意味着痛苦和失去，而是收获和快乐。

当一个人从不说谎言、从不欺骗别人时，当他彻底明白失去道德的可怕后果时，这个人就有了正直的"武装"。真正通明的人不会受奸人所害，就像是太阳不会被痴人拽下来一样。那些如雨点般射向他的自私和背叛的毒箭，会被正义的盾牌反弹回去，他不会有丝毫损伤。

那些说谎成性的商人会告诉你，这年头竞争这么激烈，太老实的人是成功不了的。但是，既然他本身就没有诚实过，又何以得出这样的结论呢？而且，因为他对诚实一无所知，他的言论只能暴露出自己的愚蠢与无知，甚至他自己还会以为，所有人都跟他一样愚蠢与无知。我认识一个这样的商人，也见证了他的失败。我曾听到一个商人在公开场合说出这样一番话："在商场上，没有人能完全做到诚实，他只能做到接近诚实。"他觉得，自己揭示了商业领域的规则，但事实并非如此，他揭示的仅仅是自己的面目。他只是让观众了解到，他是一个不诚实的人，但是他的无知和盲目让他无法看明白这一切。"接近诚实"只是不诚实的另一种说法。偏离了正确道路的人，只会越走越偏。他没有什么坚守的原则，只会考虑自己的利益。他让自己相信，自己的这种不诚实和那些坏人不一样，要更清白无辜些——然而，这只是无视道德带给他的一种幻觉罢了。

# 什么是正直的人

✣

"信任别人，别人也会真诚待你，即便
这意味着要为你开特例。"

在纷繁复杂的生活里，正直的核心是坚持做正确
的事，它包括但绝不仅限于诚实。这是人类社会存在
的脊梁，是一切组织的支撑。如果没有正直，就不会
有相互信任，那么这世界上的一切活动也就不可能存
在了。

骗子总以为所有人都是骗子，而正直的人眼里看
到的都是正直。他会信任别人，别人也会信任他。他
清澈的眼眸和张开的双手让那些狡诈的骗子感到羞愧，
以至不忍将自己的骗术施加于他。就像爱默生所说的
"信任别人，别人也会真诚待你，即便这意味着要为你

开特例"。

正直的人会不断帮助围绕在他身边的人变得比原来更好。人总是会受到身边人的影响，而善良的力量总是大过邪恶，所以善良而强大的人总是会让那些孱弱的、邪恶的人感到羞耻，继而不断努力变得更好。

正直的人自带一种毫不做作的光环，既让人敬畏，又给人以激励。他们脱离了小格局，不会吝啬或知错故犯，即便是最高级的智力天赋，也无法与这种道德上的伟岸相媲美。在人类历史的长河中，正直的人所占据的地位比天才还要重要。巴克敏斯特曾说过，"一个正直的人所拥有的崇高道德，是自然中最伟大的存在"。那些本性刚正不阿的人，是真正的英雄，他们需要的仅仅是一个契机，将他们体内蕴藏的英雄潜力激发出来。天才不一定总是快乐，但正直的人却一定总是幸福的，不论是疾病、灾难还是死亡，没有什么能夺走他的满足感。

# 正直的四要素

❖

诚实，无畏，目的明确，无坚不摧。


正直以四个层次的次第，渐次将人引向成功。第一，正直的人赢得他人的信任；第二，他人得以托付于他；第三，信任口口相传，带来声誉；第四，良好的声誉远扬，最终带来成功。

相反，不诚实就会导致完全相反的结果。由于辜负了他人的信任，别人只能回报以怀疑，不诚实的人因此声名狼藉，最后只能以失败抱憾而终。

正直这一支柱包含以下四大不可或缺的要素：诚实，无畏，目的明确，无坚不摧。


◎诚实是成功最可靠的保障。终有一天，不诚实的人会自受其害，悔恨不已，但诚实的人不会为自己的言行后悔。诚实的人有时也会失败，例如缺少其他的成功支柱——能量、经济或体系的支撑，但这种困阻不会让他像不诚实的人那样感到内心煎熬，因为当想到自己从来没有欺骗过任何人时，他就感到欣慰。于是，即便是在最黑暗的日子里，他的良心也是安宁的。

无知的人以为耍小聪明是通向成功的捷径，所以他们才会那样做。但他们其实是精神上的"短视"。就像是一个醉汉，只能看到酗酒当下的快乐，却看不到最终的危害；不诚实的人只看到自己一时的所得，却看不到最终的结果，看不到自己被消耗的信誉。他们为自己"聪明"地占了别人的便宜而沾沾自喜，却不知道，最终一切都会反回到自己身上。每一分不正当的得利，都会让他付出加倍的代价——这惩罚没人可以逃脱。这就是道德层面的"引力"定律，就好比石头一定受地球引力控制落回地面一样。

如果一个商人要求自己的下属向顾客传递商品的虚假信息，那么他也给自己制造了一个充满怀疑、不信任和憎恨的环境。即使下属没有坚定自己的道德立场，顺从了他的指派，也会在内心里下意识地鄙夷他。在这样的氛围中，怎么会有成功呢？这样的生意一开始就埋下了毁灭的种子，失败，总有一天会到来。

　　一个诚实的人可能也会失败，但"诚实"绝不是他失败的原因。这样的失败也不会对他的名誉有任何损害。诚实的人会通过失败的教训调整自己的方向，朝更适合自己才能的领域去努力，也因而会在最后获得成功。


　　◎无畏总是与诚实相伴相生。诚实的人眼眸清澈，眼神坚定，他会正视着同伴们的眼睛，讲话直接而有力。说谎的人总是垂着脑袋，眼神浑浊，目光斜视，无法正视别人，发言吞吐不清，毫无说服力。

　　当一个人忠于自己的职责时，心中自然无所畏惧。和他往来的人都光明正大，他所有的手段和渠道都可以见光。假如，他不幸陷入财务危机，不得不举债，其他人也会信任他、等待他偿还。但是，不诚实的人会因为躲避债务而惶惶不可终日。诚信的人是尽可能不借债的，即便不得已陷入债务，他也不会畏惧，只会加倍努力工作，以期早日还清。

　　不诚实的人会一直活在恐惧当中。他们恐惧的不是负债，而是不得不还债。他们害怕共事的朋友，害怕权威，害怕自己难以收场的窘境和行为曝光天下，更害怕自己种下的恶果终归有一天报应在自己身上。

　　诚实的人不会有这种负担。他们的心态十分轻松，走在人群中可以昂首挺胸，不畏缩、不怯懦，坦然地做自己，不害怕与人面对面。只要不骗人、不害人，就没有什么可畏惧的，甚至可扭转困局，化险为夷。

　　无畏本身就是人生中的一座灯塔，指引人们度过无数危难的时刻，让人有勇气去和困境抗争，并最终获得成功。


　　◎**目的明确**，是正直这一品性的直接结果。正直的人总是有明确的目标，做事有强烈的目的性。他不会凭空猜测，不会盲目抓瞎。在他所做的所有缜密计划里，我们总能看到他这一品性的踪迹。一个人做的事情，往往反映出他本身。诚信稳健的人往往做事也有条不紊，他会不断地思考斟酌，因此几乎不会犯严重的错误，也不会陷入前后两难的困境。由于将是否符合道德规律作为做事的标准，他比那些只拘泥于条条框框或者只想谋私利的人，站在了更坚实的高地；由于着眼于大局，对每个细节都做了深入的、合乎事情运行规律的考量，因此他展示出更大的力量。遵照道德规律，非但不会损害一个人的利益，反而更加有益。它能带来的影响远远不止人们看到的表象，而是更加深入、更加持久。品性正直这一特性会径直把人引向成功的结果，避开各种失败的可能。

意志坚定的人往往有强烈的目的性，强烈的目的性有助于行动。正直的人不仅仅只是意志坚定，他一生凡事都会做到底、做到极致，并赢得尊重、钦佩和成功。

◎无坚不摧是只有纯良正直、不妥协的人才能拥有的铠甲。永远坚持正直，唯有这样，面对种种暗讽、诽谤、误解时才能淡然处之。一旦在某一个环节失守，卑鄙的种子就会趁虚而入，抓住这个致命的缺点，一举将他击败。正直能帮助我们不受到外界的伤害，让我们在面对各种压制和迫害时，勇敢而从容。崇高的道德准则能带给一个人内心的平静和力量，任何天赋、智慧或商业头脑都没有办法与之媲美。道德的力量是伟大的，想要寻得真正的成功，应当在自己身体里深植道德的种子，滋养它，让它生长，最后会发现，自己已经位列最成功的人之中了。

这就是坚实有力的正直之柱。唯有一生将正直奉为圭臬的人，才能获得成功的青睐和庇佑。

# 第五章
# 第四支柱——条理

# 条理带来的无穷魅力

✢

所有复杂的组织都建立在条理之上。

有条理的人，总是能在极短的时间里完成大量的工作，却不会感到精疲力竭，简直如有神助。

条理即秩序原则，有秩序，就不会有困惑和混乱。在整个宇宙中，万物各有其位，因此宇宙运转得比最精密的机器还要完美。如果万物失序，那么就意味着宇宙的毁灭；如果一个人做事没有条理，那么他就一定不会成功。

所有复杂的组织都建立在条理之上。如果没有条理，任何组织和社会都不能发展到一定规模，无论是企业、商人还是其他机构。

当然，很多时候那些做事混乱的人也可能会成功——尽管如果他做事更有章法一些，取得的成就会更大——但是，如果他不是雇用了一个条理清晰的经理人的话，他的成功也无从谈起。

所有重要事件都有既定的步骤可循，一旦有任何一步出错，都会对整个企业的效率和利益带来巨大损害。复杂的企业或组织就和自然界复杂的生命体一样，有各种各样的细枝末节。一个没有条理意识的人可能觉得，他只关心最后的结果就好；但是不考虑方法和过程，往往也不会有什么好结果。不留意细节，一个机构的生命力就会枯萎；忽视过程的细节，任何工作都不会有好的成绩。

凡事有条不紊的人则省事又省力。他们不用把时间花在找东西上，每件物品都摆放得井井有条，哪怕在暗处也伸手就能拿到。因此，他们有更多的精力用在更有意义和价值的地方，而不是去生气、烦躁，或因自己的失误而责怪他人。

这种善用条理性的天才，总是轻而易举就做到了别人看来不可思议的事。有条理的人，总是能在极短的时间里完成大量的工作，却不会感到精疲力竭，简直如有神助。当对手还困在一堆乱麻中无望地打滚时，他已经问鼎成功。严格遵照秩序让他得以顺利地、快速地实现自己的目的，而不用过多浪费时间或者气力。

商业社会中，对条理的重视程度不亚于圣徒对誓言的重视，即便是承担威胁个人利益的代价，也不能放弃。在金融行业，条理性更是铁律，善用它的人便可在时间、经历和经济上大省一笔。

# 去芜存菁，直达本质

✛

生命如白驹过隙，没有太多时间可以用来困惑。条理清晰，可以更有效率地获取知识，取得进步。

在人类社会中，任何持久的成就都离不开条理性作为基础，没有体系，就不可能有发展和进步。比如，伟大的作家写就的文学作品，杰出的诗人写就的诗行，壮丽的历史篇章，震撼人心的演讲；再比如，交织成人类社会肌体的宗教、律法，记载文明的书籍，充分进化的语言体系，它们都体现出一切都是二十六个字母发端、发展和进化而来的，这二十六个字母基于严格且固定不变的秩序，发展出无穷无尽、复杂纷呈的世界。

所有伟大的数学成就，都是十个基础数字的排列组合；所有精密复杂的机器，都是成千上万个小零件配合组成，运行起来流畅而安静，这都得益于人们遵守了最基本的机械定律。

所以，我们知道了秩序和条理是如何化繁为简、变难为易的：围绕一个至关重要的规律举一反三，将细节都整合起来，使其完美地协作运行，乃至于不存在一丝混乱。

科学家习惯根据观察到的规律给宇宙中的林林总总进行分类和命名，小到显微镜下的寄生虫，大到天上的星星，几乎都可以很快叫上名字来。正是因为在各个领域都可以如此敏捷、快速地检索，人类所节省下来的大量时间和精力才可以用于发展文明。我们谈到的宗教、政治、商业的规则，其实暗示了人类社会的方方面面都离不开秩序和体系。

确实，不论对整体而言，还是针对想要取得进步的个人，秩序都是最重要、最基础的原则，尤其是在当今世界数十亿人口彼此激烈竞争的情况下。

条理清晰的人总是能有所成就。大多数人都没有接受过关于"条理"的训练，因而总是被那些相对少数的掌握了秩序和条理如何运用的人所领导。商业、法律、科学、宗教，不论是人类生活的哪个方面，只要有两个人以上参与，他们就一定需要一些共同点才能彼此交流、避免误解，即需要一种秩序来约束他们的行为。

生命如白驹过隙，没有太多时间可以用来困惑。条理清晰，可以更有效率地获取知识、取得进步。在学习或工作中，有条理的人总是能为后来者进行梳理简化，能让后人自由地在自己的经验基础上继续向前行进。

再大规模的产业背后，都有一个规律在维持着整个机器的运转，保证它不出差错。我有一个朋友是一位成功的商人，他曾经告诉我，假如他离开一年，他的生意都不会出任何问题。他也确实离开过几个月，当他回来时，每个工人、每个工具包括每个最细小的零部件，都各司其职、运转如常，没有问题，没有故障。

如果没有规律和准则，没有由之而来的稳定与高效，就不可能有成功。那些缺乏自律、头脑混乱而无法理性思考的人，往往没有良好的习惯，也很难在自己的一方领域里做得出彩；他们的生活里满是焦虑、麻烦和痛苦，而凡此种种，如果遵循规律，有条理地生活的话，都是可以避免的。

做事毛手毛脚的人，无法跟上凡事条理分明的人的步伐，就好比未经训练的人无法与训练有素的运动员匹敌。没有条理的人觉得怎么都可以，结果，他们很快就被那些严格自律的人落下了。后者认为，在人生激烈的竞争中，不论是在物质领域还是精神领域，一定要做到最好才可以。假如一个人工作的时候，找不到工具，核不准数据，找不到抽屉的钥匙，或者想不起工作的线索，那么他就会陷入自己造成的混乱里；反观他的对手，一个凡事有条理的人，却在干劲儿十足地、自在地登上成就的顶峰。一个商人如果不能跟上最新的行业动态，那就只能怪自己迂腐，应该主动寻找更加专业、高效的方法，他应当努力抓住任何机会和可能性来节约时间和精力，以此获得提升。

# 条理的四要素

✧

　　随时准备就绪，准确性，实用性，全局观。

　　世间万物，不论是一个生物，一个国家，一个企业，还是一个人的品性，其形成都需遵照秩序这一法则。一个个细胞，一条条法律，一个个部门，一个个思想，一点一点、循序渐进地扩大量级，最后形成了一个完整的系统。不断自我改善的人，也源源不断地在获得力量，因此，有思考、有创意才能成为一个优秀的人才。在这个世界上，唯有那些"建造者"，不论建造的是一座城堡，还是建设一种人格，才是最强大的，才能传承并促进文明的发展。有条理性的建造者既是一个创造者，也是一个传承者；与之相反的人，只会毁掉一切。一个人的力量，思想的完整性，组织的影响力，企业的规模，只要恪守秩序和规律，注意每一个细节，让各部门各司其职，高效而完美地做好工作，让自己的工作在任何时刻都经得住考察，都能够取得不可限量的发展。

条理的要素有以下四种：随时准备就绪，准确性，实用性，全局观。

◎随时准备就绪，意味着时刻保有活力，也意味着对随时可能出现的情况即时作出反应。有条理这个好习惯，便能培养出这种素质。一个成功的将军，一定有能力应对来自敌方的任何突袭；一个优秀的商人，随时都准备好处理可能影响他生意的状况；一个杰出的思想者，总是能对思考过程中遇到的新问题应变自如。拖延会让人变得反应慢、能力差，因此会阻碍人们进步。一个人如果总能做到手到、心到、脑到，知道如何有方法地、高效地处理问题，那么他就不必刻意把成功当作终极目的，因为不论他是否在意，成功最终都会属于他。由于他的出众，成功会紧紧追随他的脚步，敲响他的门。

◎**准确性**对于任何事业来说都是极为重要的。如果没有条理，准确性也无从谈起。缺乏有条不紊的做事方法，那么他一定会不断"试错"，直至最终将其改善。

失败最常见的一个原因，就是准确性不足。准确性往往和自律紧密相关，而自律和谦虚地接受"他律"，共同组成了较高水平的道德文化境界——这种境界是大多数人还未达到的。如果一个人自己对准确性要求不高，而且还不愿接受他的导师或领导的约束，那么失败几乎是无可避免的。假如是在商场上，他会一直处在不利的位置；如果是在学术界，他的学识也很难获得提升。

不求精准这种"恶行"（从其恶劣结果来看，它确实可称得上是"恶行"，只不过相比其他恶行比较轻微）非常常见，只消听一听大多数人如何描述一种情况或陈述一个事实，就能发现——各种各样的不准确，都会使事件的真实性大打折扣。可能很少有人专门训练过自己准确表述的能力，也没有人那么计较过细节的真实性，但就是在一个个不准确性的叠加之中，产生了很多假象和误解。

相比于把话说准确，更多人则在努力把事做准确。即便是在这些人中，不准确性仍然很常见，结果使得他们的很多努力都事倍功半。比如，一个习惯于花费一部分自己和老板的时间用于纠错的人，一定不会在职场顺风顺水，更难跻身成功人士的行列。

在通向成功的道路上，每个人都可能会犯错，只有那些能够意识到自己的错误并立刻改正，或者很高兴听到别人指出自己错误的人，才能最终抵达终点。这是一个人应该保有的习惯。如果人不能清醒地看到自己"不准确"的这一缺点，而且还不接受别人对自己的忠告，反而将别人的提醒当作冒犯，那么他只会和成功渐行渐远。

追求进步的人不仅从自己的错误中吸取教训，也会从他人的错误中学习。他们总是会通过实践来甄别好的建议，进而不断改进自己的行为方式，日臻完善。准确性的程度，往往也代表了一个人所能达到的成功的程度。

◎实用性，是一个人工作的直接成果。只有在条理和秩序的指导下，我们所付出的努力才能转化为实用性。举例来说，如果一个花匠想要创造漂亮的花园，那么他绝不能仅仅是播种，而应该是选择合适的季节播种，一定不要错过最佳时期。

实用性就是指向切实可行的结果，并且运用各种方式来达到这一目的。没有旁枝末节，没有繁复的理论，只关注如何能达到有利于"经济的生活"的事物。

不切实际的人脑中总是充满了无用的、未经核实的理论，最终也因这些无法应用于实践的妄想而陷入失败的结局。反之，那些用行动证明自己能量的人，不会仅仅动嘴皮子，也不会陷入形而上学的思维泥潭，而是真正达成有益的、有用的成就。

对现实操作无益的胡思乱想，不应让它们充斥在脑海里，而应该止息、丢弃它们。最近，有一位朋友告诉我，如果他的理论被证实不会有什么实用价值，那么他就会只把它当作一个"美妙的理论"，也仅此而已。但是，如果一个人执着于这些所谓"美妙的理论"，那么他最终一无所得就不足为奇了——因为他是一个不切实际的人。

当思考的能量被用在切实可行之处而非虚无缥缈之地时，不论是物质还是道德层面，随之而来的，就是技能、力量、知识和成就的增长。一个人的成功程度，是由他对整个周边世界的价值来衡量的。我们说一个人有用，说的是他做的事情有用，而不是他心里的想法有多美妙。

木匠雕刻出椅子，工匠建造起房子，工程师生产出机器，智者塑造完美的人格。在这个世界上，真正的中坚力量是工人、制造者这样的实干家，而不是那些分裂者、理论家或好辩者。

当一个人将注意力从漫想转向做一些实事，并全力以赴，那么他一定会获得新的知识，获得更大的力量，在一众同行人之中找寻到自己独特的位置。


◎全局观是一种能从复杂的细节中看到整体性，并抓到一条能将所有细枝末节串联起来的规律的特质。

这种难得的品质能够通过对细节的系统性思考获得，能够赋予人们组织力和管理力。成功的商人熟悉自己生意的每一个细节，他有自己的一套贸易体系。发明家头脑里有自己制造出来的机器的每一个小零件，也将其中机械运作的原理深谙于心，因此能不断完善自己的发明。一位伟大的诗人或作家，会把所有的情节和事件围绕核心环节铺陈开来，进而成就恢宏的篇章。全局观，是呈现在个人身上的分析整合能力。思维开阔且缜密的人，能不动声色地将各种细节加以合理安排和利用，这样的人终会达成天才般的成就。当然，并非人人都是天才，也不一定非得人人是天才。随着一点一点发掘自己的思维和所面临事物中的规律，人们可以不断培养这种全面思考的能力，继而增强自己的力量，最终获得更进一步的成绩。

　　这就是成功之殿的四根支柱，能量、经济、正直和条理。就算没有另外四根支柱，它们也足以支撑一个人获得永久的成功。一个人，如果能量充沛，以最经济的方式使用自己的精力和财富，秉持最正直的态度，有条不紊地优化自己的思绪和事物，那么他这一生不可能是失败的。

这一类人所付出的努力都是"定向出击"，因此会格外地有效率、有成效。此外，他们的独立人格和身上散发的英雄气概总是会引来尊敬和成功。"一个勤勉的人，不会立于王前，不会立于吝啬之人前。"《圣经》中如是说道。他不会乞求，不会啜泣，不会抱怨，不会责备他人；一个坚强、正直而纯粹的人，不会将自己放得如此卑微。由于拥有了高尚、正直的性格，他一定会在这世界上，在这人群中，找到属于自己的一席之地，享受幸福的人生。"在生活的战斗中，他绝不会倒下。"

# 第六章

# 第五支柱——共情

# "你对远处的爱就是对家里的恨"

✤

> 疼你自己的孩子去吧，疼你的伐木者去吧：要和善、谦虚，要有那种风度，千万不要用对上千英里之外的人表现出的难以置信的软心肠，来粉饰你那咄咄逼人的野心。你对远处的爱就是对家里的恨。

余下的四根支柱对于成功之殿来说也极其核心。它们能保证其坚固和稳定，同时增加其实用性和观赏性。它们属于最高的道德境界，代表了人性中最可贵、最美好的特质。一个人如果具备了这四点，必然会伟大，但也注定曲高和寡，唯任其纯粹和智慧永恒地、孤独地闪耀。

同情不同于伤感，不同于昙花一现、无根无缘的肤浅感动。它不是面对受苦之人时歇斯底里的情绪发泄，也不是面对暴虐和不公时的急躁狂怒。如果一个人在家里就十分暴力，比如和妻子高声喊叫，体罚自己的孩子，虐待仆人，或者对自己的左邻右舍冷嘲热讽，对深处苦难的人虚伪以待，这样的人是不可能有同情心的。他们面对周围的世界，从来都是一副铁石心肠。

爱默生曾如是说，"疼你自己的孩子去吧，疼你的伐木者去吧：要和善、谦虚，要有那种风度，千万不要用对上千英里之外的人表现出的难以置信的软心肠，来粉饰你那咄咄逼人的野心。你对远处的爱就是对家里的恨。"我们对一个人的考量是看他当下的行动，而不是看他对未来许下的诺言；假使他的行为一再显示出自身的自私和残忍，假使家里人听到他回家的脚步声就惊恐，看到他离开就长舒一口气，那么无论他如何表达对于遭受不幸的人的同情、如何说自己是个慈善家，也都是空话。

肤浅的同情常常伴之以泪水，但泪水更多地是从自私的人眼里流出——当他们自私的心愿没有达成，往往就会痛哭流涕。

# 因为懂得，所以理解

❖

> 真正的善良，是连自己都忘掉自己的善
> 行，这才是共情心的美好之处。

共情是一种深沉的、静默的、难以描述清楚的柔情，是一种连自己都常常忘记的善良秉性。富有共情心的人不会间歇性地感情泛滥，而是持久地自律、坚定、谦逊、安静而矜持。当面对遭受苦难的人，真正有同情心的人仍然镇定自若，他们的行为可能会被一些肤浅的人解读为冷漠；然而，他们的眼睛看得到问题所在，他们默默地向哭泣的人施以援手——这才是最深切、最成熟的同情。

缺乏同情心的人表现为愤世嫉俗，他们不怀好意地挖苦，残忍地讥讽、嘲笑、愤怒和谴责，他们的同情心只存在于理论上和幻想中，不能付出实际行动。

缺乏同情心源于自大，而同情心则源自爱；妄自尊大是因为无知，而爱则是因为懂得。人们常常认为自己和其他人是不一样的，目标不同，爱好不同，觉得自己是对的，而别人都是错的。共情能力能让人跳脱出自我关注的圈子，去感受他人，站在他人的角度思考问题，从而也成为群体的一分子。如杰出的医生惠特曼所说"我不会向受伤的人问任何问题"。是的，去质问一个身处困境的人实在有些残忍。他们需要的，是帮助和照顾，而不是好奇的目光；富有同情心的人能感受困境中人们的心理，给予他们真正的关怀。

一旦人开始追求自视甚高的感觉，同情心也就不再有生存空间了。假使一个人喋喋不休地说自己做了多少好事，却没有得到应有的回报，那么一定是他做的还远远不够。真正的善良，是连自己都忘掉自己的善行，这才是共情心的美好之处。

从最本质的层面来说，同情心是一个人和他人的苦痛挣扎合一，因此，富有同情心的人是一个复杂的存在：他仿佛是一群人，会从许多不同的视角看待一件事情，而不是仅从自己的角度；他透过别人的眼睛去看，通过别人的耳朵去听，用其他人的思维方式去思考。因此，他能够理解与自己截然不同的人，理解他们生命的意义，理解不同方式的善意。巴尔扎克曾说："穷人使我着迷，他们的饥饿我感同身受，他们残砖破瓦拼就的家也是我的家，他们的穷苦我能体会；他们褴褛的衣衫仿佛就在我背上。这个时刻，我也成了穷困潦倒的，遭人白眼的人。"我还想起一位更伟大的人的话，施与穷苦弱小者的善行，就是施与自己。

因此，共情能引领我们知晓其他人的内心，进而让我们实现精神层面的联结，于是，当他们受苦时，我们感到痛；当他们开心时，我们感到愉悦；当他们受到轻视和压迫，我们感受到消沉的意志，感受到压力和耻辱。如果一个人能真正做到这种共情，那么他永远都不会变得愤世嫉俗、急于谴责，他不会轻易对身边的人妄加评价，因为在他温柔的内心里，总能体会到别人的痛。

# 完全地敞开自己

✣

自私让人们以牺牲其他人的利益为代价来保护自己，而共情让人们情愿牺牲自己，成就他人——但是，这种牺牲不会真正、切实地伤害到他们，因为自私所带来的快乐有限而短暂，但共情带来的庇佑却是巨大而深远的。

若想获得成熟的共情能力，一个人必须经历过刻骨铭心的爱，痛彻心扉的苦难，还有悲痛欲绝的伤感。唯有经历过这些，才能将自负、鲁莽和自私真正从内心清除。不经历种种，不可能理解什么是真正的共情；但这些悲伤的经历终究会过去，留下的，是愈加成熟的善良和沉静。

假使一个人曾经经历过某种极端的苦难，那么当他再次看到这种苦难，不论是降临在谁身上，他都会报以最纯粹的同情；当一个人经历了足够多的苦难，他自己就会成为一个"避风港"，为那些正饱受他曾战胜过的苦难折磨的人，疗伤治愈。就像一位母亲能够体会饱受煎熬的孩子的痛苦一样，能够共情的人也能体会他人的痛苦。

这是最高级、最圣洁的共情，但即便无法达到这种程度的同情心，也足以使人们的生活更美好。尽管令人欣慰的是各行各业都有共情能力极强的人，但人们也看到，残忍、憎恨、暴力同样无处不在。这些负面的情绪不仅折磨他们自身，也损害了他们的事业。一个暴躁、易怒、冷血而计较的人，身体内的情感之泉已经枯竭，尽管他在其他方面很有能力，也难成大事。失控的暴怒和残酷的自私会让他众叛亲离，包括被他某些能力吸引过来的初识不久的人。欣欣向荣的生命前景对他关闭了大门，伴随他的只有形单影只的凄凉绝望。

即便是对日常的小生意来说，共情也是一个重要的因素，因为人们总是更喜欢和友善的、有礼貌的人打交道，而不喜欢接触态度冷冰冰的人。只要是需要人与人打交道的领域，能力平平但共情能力强的人总是会比能力出众但没有同情心的人更胜一筹。

对一个牧师或教士来说，哪怕他的一声嘲笑或者一句不太友好的话，都会严重损害他的声誉和影响力，尤其是影响力。即使是那些对他们非常信任的人，看到他们这样的表现，都会下意识地降低对他们的尊敬。

如果一个商人宣称自己信仰宗教，那么人们就会期望他的生意兴隆。但是，如果这个人只在嘴上说敬仰，只在周日约束自己，而在一周里的其他时间都是个冷血的拜金鬼，那么他的生意一定不会真正地兴隆。

同情心是全世界共通的语言，即便是动物也能感知到，因为所有的生命都无法躲避苦难，而这种共同的经历让人们有了情感上的共鸣——这种感情，我们就称之为共情。

自私让人们以牺牲其他人的利益为代价来保护自己，而共情让人们情愿牺牲自己，成就他人——但是，这种牺牲不会真正、切实地伤害到他们，因为自私所带来的快乐有限而短暂，但共情带来的庇佑却是巨大而深远的。

有人不禁会问："一个商人的目的一定是拓展自己的生意，他怎么会自我牺牲呢？"每个人在他现在具备的对无私的认知程度上，都能就他目前所有做出牺牲。假如一个人说他现在所处的环境不允许他实践牺牲的美德，那么即便给他换个环境，他还是会有同样的理由。在商业社会中，勤勉和自我牺牲并非不兼容，即便他所从事的工作主要是进行贸易，自私自利也不是尽忠职守的代名词，无私的奉献才是。我认识一个商人，他的一个竞争对手曾试图将他"踢出圈子"，但失败了，最终他却帮这个对手东山再起。这真是自我牺牲的典范，而这个商人，也成为当今最成功的商人之一。

在我认识的所有人中，最成功的那个人往往也最饱富同情心和怜悯心。他对"交易窍门"几乎是一窍不通，但正由于他那颗正直善良的心，不论走到哪里，他总能很快结识朋友。人们欢迎他去到自己的办公室、商店和厂房，不仅仅因为他能带来好的影响，更重要的是，他值得信赖。这个人因着自己纯粹的同情心获得了成功，这同情心自然而然，纯粹无染，因此他自己可能都并未意识到是同情心让他获得了成功。同情心不会阻碍成功，因为所有的利益都是相互的，"一荣俱荣，一损俱损"，所以当共情心让人的心胸更宽大的同时，也会带来福佑，带来成功。

# 共情的四要素

✤

善良，慷慨，温柔，洞见。

共情这一美德共包含四种重要的品质，分别是：善良，慷慨，温柔，洞见。

◎善良不是一时兴起的情绪，而是一种持久的品质。尽管有时人们将某一次的举动冠以"善良"之名，但我们要知道，那不是真正的善良。先对人示好然后又对其斥责这不叫善良；一时心动亲吻对方，随后又心生厌恶也不是善意的表现。如果一个人送出一份礼物的同时也在期待着等值的回报，那么这份礼物的意义就会大打折扣；如果一个人因为自己开心而宽待别人，之后又因自己不开心而与人交恶，那么这只能说明其人格不健全，只想着自己。真正的善良是不会轻易改变的，也不需要外力迫使人们去行善。它就像一口永不枯竭的井，饥渴的灵魂总能在此得到满足。善良是一种伟大的品质，我们不仅应友善对待那些让我们愉悦的人，也应同样对待那些和我们意见相左的人。它永远常在，闪耀着温暖的光辉。

人们常常会为自己的无礼举动而后悔，却从不会因自己的善行而遗憾。有那么一天，人们会为自己说过的、做过的不好的事深感抱歉，但因为自己的善言善行而得到的快乐，永远会伴随身边。

不善良的人性格会受到损害，面目会随着岁月的流逝而变得愈加狰狞，也会让他离自己梦寐以求的理想越来越远。

反之，善良的人性格令人愉悦，容貌会越来越慈善，最终会获得自己能力范围之内最大程度的成功。可以说，一个人的成功，会因其性格中的纯善而更上一层。

◎**慷慨**意味着心胸宽大。如果说善良是个温柔淑女，那么慷慨就是豪爽侠客。开放、自由而不拘小节的性格总是能吸引和影响他人，而卑鄙、狭隘、斤斤计较的性格则会令人生厌，让人不想靠近。令人生厌的性格最终会导致孤立和失败，而有吸引力的温暖的性格则引领人走向成功。

付出和获得同样重要。一个人如果总是在攫取，拒绝付出，那么最终他会得无所得。这就是自然的规律，有付出才有回报，同时有汲取才有付出。

在所有的宗教教义中，付出都被当作一项重要的责任。这是因为，付出是一条确保个人成长和进步的"捷径"。通过付出，我们能变得愈加无私，同时很难再退化回自私的状态。付出，意味着我们要同他人建立精神和情感的联系，也意味着暂时与自己所拥有之物的分离。有的人拥有的越多，想要的也会越多，根本舍不得放手——就像一头野兽对待自己的猎物一样。然而，这其实是一种倒退，这样的人缺乏付出的概念，也不会体会到其中的快乐，更难以同那些无私而幸福的灵魂建立沟通。狄更斯在作品《圣诞颂歌》中，就以更加生动、更具戏剧张力的形式，塑造了这样一个守财奴的形象。

我们一定要提防贪婪、吝啬、妒忌和怀疑，因为一旦性格被这些沾染，那么我们生活中美好的一切，不论是物质的还是精神的，都会离我们远去。我们应当打开心扉，不计较，开心地去付出，让自己值得信任，让朋友和身边的人感到自在。如果一个人能做到以上这些，那么成功之神就会叩响他的门，成为他的座上客。

◎温柔接近于神性。或许，再没有另外一种气质能像温柔这样远离一切粗俗、粗鲁和自私了。所以，当一个人变得越来越温柔，他就近乎圣人境界。唯有通过经历和严格自律，人才能收获这一品质。唯有当一个人战胜了自己的动物本性，说起话来安静而坚定，不受外界因素影响而狂喜或狂怒，温柔的种子才会从心里破土而出、茁壮生长。

温柔是精神文化的标志。粗鲁而有攻击性是对教养和无私品性的冒犯。"绅士（gentleman）"这个词并没有完全脱离造词之初的本意，它仍是用来形容那些谦逊、自律、关心他人感受的人。一位举止有礼、言行得当的绅士总是会受人爱戴，而好争论之人的吵嚷、相互指责，只会暴露自己的无知和没有教养。温柔的人是不会与人争论的；他不会反唇相讥，只会沉默不语，或者报之以温言细语，但其力量却远远超过愤怒。温柔总是和智慧相伴，智者已然克服了源自自身的愤怒，进而理解了如何应对他人的愤怒。和那些无法自我控制的人不同，绅士不会用这些躁动的情绪折磨自己。当他们因无谓的压力而疲惫时，他们会安静下来、慢慢沉淀，而这份宁静和沉淀，使得他们在与生活斗争时更加坚强。

◎洞见是同情赠予人的礼物。有同情心的人往往具有深切的感知力。人通过彼此的经历相互理解，而不是通过争论。在我们认识一个人或一件事物之前，我们会先接触他们。争论都是只针对表面，同情才是直达内心的。愤世嫉俗的人看到一个人的帽子和衣衫，就以为他认识这个人了；有同情心的人看到的则是实实在在的人，而并不在乎他戴了什么帽子、穿了什么衣服。当憎恶的感情在两人间滋生时，一定是双方有误解。同情心属于最伟大的诗人，因为他有着最博大的胸怀。在所有的文学作品中，只有具备了"同情心"才可能深入人物的内心世界。莎士比亚在同情心的驱使下，与其笔下的人物融为了一体，不论是智者还是哲学家，疯子或者傻子，醉汉还是妓女，在他下笔的那一刻，他比那些人还要了解他们的经历和生活。莎士比亚对人无分别心，他的博爱拥抱一切人，不分贵贱。

偏见是阻碍人们产生同情、获得正确认知的最大阻力。如果心存偏见，我们就不可能真正彼此理解；唯有抛掉固有成见，才能真正看清人和物。一旦有了同情心，我们才可以真正被称为"能见者"。有同情心的人，总能为同伴设身处地地考虑。

有感知力的心灵，能"看见"的眼睛，这两者总是相伴而生。有同情心的人能感知未来，因为他的心和所有人的心一起跳动，他能感知到大家心里所想。于是，不论是过去还是未来，对他来说都不再是未解之谜。自身高尚的品德赋予他洞见，能清楚地理解他所身处的这个世界。

心存仁爱而富有洞见的人自由、愉悦而充满力量。他的精神时刻被愉悦滋养，就如肺部时刻吸进的新鲜空气。于是，他不会惧怕与同辈竞争，也不会惧怕困难、敌人等。这些不好的情绪都会消失，在他面前展开的，唯有正在觉醒的伟大和荣耀。

第七章

# 第六支柱——真诚

# 以真诚为底色

✣

尽管我们的社会有瑕疵，但它的内核一
定是好的，其中一定蕴藏着进步的种子。


整个人类社会都是靠真诚相待维系的。普遍的
虚伪只能招致普遍的失信，最终即便社会结构没有崩
溃，也会导致人们之间的相互隔阂。人类生活的根本
支柱，在于健康、完整、幸福和相互信任。如果彼此
之间没有信任，那么人们就不会相互交易，甚至都不
会相互交往。莎士比亚的著作《雅典的泰门》，就刻
画了一个因愚蠢而最终对人性失去信任的人物。这个
人切断了自己同所有人的联系，最终悲惨地自杀身
亡。爱默生曾写过一段话，大意是如果社会生活中没
有了信任，那么这个社会就会支离破碎。目光短浅而

愚蠢的人总觉得商场上就应该充满尔虞我诈，但实际上贸易的前提就是信任——信任一个人会尽到自己的义务。买方收到货以后，才会支付货款；事实证明，这一体系已经延续了几个世纪，大多数人都会偿付债务，没有想要逃避。

尽管人类社会有种种弊端，但其终究是建立在真理的基础上，建立在真诚上。所有伟大的领导者都拥有无与伦比的真性情，他们的名字和成就永远不会褪色——这也证明了，所有的社会都是尊重真诚的。

不真诚的人总会觉得所有人都和他一样，他们觉得社会就是腐坏的。这些看不到人类社会中美好之处的人，应当严肃审视自身，因为他们离陷入困境不远了。在他们眼里，好的也是坏的，他们持续不断地自我灌输这种思想，直至最后眼里看到的所有人、所有事物都是邪恶的。"社会从上到下烂透了"，这是我最近听到一个人亲口说的，然后他问我是不是也这么看。我回答说，如果我也这么想就太可悲了，尽管我们的社会有瑕疵，但它的内核一定是好的，其中一定蕴藏着进步的种子。

　　人类社会终归是一个较完善的系统，那些自私的人注定无法获得长久的成功，也无法产生影响力。他的伪装很快就会被撕开，人们也会远离他；事实上，这种靠消耗人和人之间的信赖为生的人没有智慧，但也侧面证明了真诚的重要性。

　　舞台上的演员受人尊重，但在生活的舞台上扮演一个不是自己的人只会被人看不起。一个人如果总是扮演不真实的自己，他最终会失掉个性，失掉独立性和影响力，也会失掉成功的机会。

# 你若真诚，必有回响

❖

就像外部的耳朵可以区分声音，心灵的"耳朵"则可以区分灵魂。最终看来，被骗的只有骗人者本身。

极为真诚的人具有极大的品德力量，即便是最高超的智力也无法与这种力量匹敌。一个人的影响力，是和其真诚程度成正比的。道德和真诚总是紧密联系，一旦真诚在一个人身上缺位，那么其道德力量也会消失。原因在于，没有真诚，其他所有的美德都会无从谈起。即便只是一点无伤大雅的小伎俩，也会毁掉一个人的高尚，使其变得平庸而普通。凡有高尚道德的人都不会阿谀奉承、哗众取宠，因为那会使他的形象不再伟岸也不再受人尊敬，变得肤浅、怯懦，再没有可供灵魂汲取养分的力量源泉。

被当下的五光十色、精心编制的谎言哄得飘飘然的人，最终也会不可避免地看清自己的心，作出正确的价值判断。那些精心粉饰的虚浮不过像是湖水表面荡漾过的波纹。

"我很感谢他的好意，"我一位相熟的女性朋友说，"但是我不会嫁给他。""为什么呢？"我问。"因为他不实在。"这就是她的回答。

"实在"这个说法很有意思。最开始，它是和硬币相关的。敲一下，硬币就会产生一个回声，人们由此就可以判断硬币的用料是否纯正，是否夹杂了其他的材料。如果用料扎实、实在，硬币各个地方的回声都是一致的。

做人亦是如此。人们的一言一行，都代表着一个人独特的影响力。每个人的体内都有一种几乎微不可闻的"回响"，而别人通过内心可以本能地"听到"。他们可以判断出哪种"回响"是真的，哪种是假的，但很难说清楚是怎么判断的。就像外部的耳朵可以区分声音，心灵的"耳朵"则可以区分灵魂。最终看来，被骗的只有骗人者本身。那些不真诚而愚蠢的人，一直拿成功的假象愚弄的最终只有自己而已。他们的行径，在外人看来暴露无遗。人们的内心都有一个终极判断，永远不会误判，灵魂会知道你的感知是否正确。这种正确性体现在人类共同的价值判断上，其完美性，超过文学、艺术、创造、宗教等一切一切；它将好与坏、值得与不值得、真与假区分开来，全力捍卫前者、摒弃后者。伟大之人的一言一行、一举一动都是人类的瑰宝，备受人们瞩目。有一千个人写同一本书，其中只有一个是真正的原创天才。人们将这一个挑选出来，千古留名，而剩下的九百九十九个则湮没在历史中。一万个人在相似的情境下会说出类似的话，但其中只有一句蕴含了智慧，人们将这一句铭记以警醒后世，而剩下的那些话，永远地被遗忘了。诚然，这唯一的智者、伟人也会受到迫害，但迫害行为本身，就是证明他们伟大的有力依据。

检测出的假币会回炉再造，而真币则在市场流通，因为其物有所值；同理，一个人虚假的言行或人格一旦被识破，那么一切也将回到最初的原点——虚假，面临的只有穷途末路。

不论是小物件还是人，虚假的东西都没有价值。我们耻于以假乱真，因为虚假本就太廉价。冒充者最终会沦为笑柄，他是一个妄称为人的人，一个影子，一张面具。而真实是宝贵的，真诚的人会成为典范，卓尔不群，充满感召力，为他人树立准则榜样。虚假会导致一场空，直至连人格都变得无足轻重；而真实则换来一步一个脚印的稳健进步。

# 真诚的四要素

✤

真诚的人往往有以下四种美好的特质：简单，有吸引力，洞察力，力量。

我们都应保持真实做自己，不故意假装优秀或美好，不伪装，这一点十分重要。虚伪的人总觉得自己可以瞒得过这个世界，但欺骗的只是自己而已，最终也会受到相应的惩罚。老话说，恶到极致就濒临毁灭。在我看来，虚伪这一行为离"恶"最为接近，因此也离溃败最近。他沉溺在自己用伪善构建的海市蜃楼里，这样的人可以成功，就像说影子可以取代实体、取代真人一样，是天方夜谭。

如果一个人觉得他可以凭借虚伪和表面功夫达到事业成功，请一定在他踏入深渊之前劝阻他。没有真诚，脚下就没有坚实的土壤，没有立足的根基，也没有可以垒砌城墙的砖瓦；有的只是孤独，穷苦，恐惧，怀疑……如果说，这世上哪种苦报最阴暗、最可怕，那一定就是虚伪的苦果。

真诚的人往往有以下四种美好的特质：简单，有吸引力，洞察力，力量。

◎简单即自然，没有任何附加的、人工的装饰。为什么自然中的一切都如此美丽？因为它们本真自然，展示给人们的就是自己原本的样子，不矫揉造作。在整个自然界中，除了人性以外，再没有虚伪的事物。一朵花如果被加以修饰，就会失去它原本那惊心动魄的美。自然是如此完美，我们甚至难以找出一丝可以改进的瑕疵。每个生命都闪耀着独特的光，因其不自觉的简凝而美丽。

"回归自然"是现代社会呼声最高的号召之一。一般来讲，"回归自然"就意味着在乡下有一栋小房子，一小块地。但如果我们回到乡下时，还带着任何城市的负累和伪装，那么这种"回归"就毫无意义。当然，对城市的种种束缚感到疲惫时，回归宁静的自然是一个好选择，但是如果将其作为帮助我们回归内在本真的全部手段，那么就一定会失败。

尽管人类已经脱离了动物世界里最自然、最简单的状态，但我们可以迈向一个更高级的"简单"状态。那些极有天赋的人，身上往往保持着这种自生的简单。有些人可能会研究这些天才的风格，希望自己也能在世界舞台上扮演一个伟大的角色，但怀抱这种想法的人注定是碌碌无为。最近有一个人跟我说，"假如我能写出不朽的诗篇，我愿意少活二十年。"这个人肯定写不出震撼人心的作品，因为他在试图"做出"某种样子，他心里想的只有自己和荣誉。一个人要想作出不朽的诗篇，或者作出任何杰出的成就，他所要做的不是牺牲二十年的生命，而是不断地去歌唱，去绘画，去写作，历经成千上万次的失败、痛苦和喜悦。经历苦悲，经历喜乐。

保留自己的智慧和美德，回归到简单的状态，一个伟大的人就此诞生。他身上没有半点虚假，于是品性中的闪光点一览无遗。真诚所存之处，"简单"就会生长——那种在自然界随处可见的简单，至简如大道。

　　◎吸引力来自简单，这一点在所有自然的事物上都得到了验证；但是就人性而言，这种吸引力表现为人格魅力。近年来，某些伪神秘主义者打着"教你发掘个人魅力"的幌子大肆敛财，自诩可以通过某些神秘的手段，让那些贪慕虚荣的人充满吸引力。然而事实是，吸引力根本无法被"贩卖"，那些焦虑于此的人无法真正获得吸引力，因为他们的虚荣就是最大的阻碍。他们想要"变得"有吸引力，这本身就是一个有欺骗性的想法，而由此又催生出更多的骗局。他们其实自身非常清楚，自己缺乏天生的吸引力和高尚的人格，因此他们希望找到一个后天的"替代品"；但是，这世界上，没有什么能替代美好的心灵和美德。吸引力同天赋一样，太苛求的人求不得，心无所欲的人自然有。在人性中，才华、智识、情感、美貌等都无法与思想成熟和心灵真诚所造就的吸引力相比拟。真诚的人身上散发着永恒的魅力，他们就是人类美德最好的范本。没有真诚，就不可能有个人魅力。一时的迷恋是可能的，但这只是不健全的依恋，与真诚带给人们之间的稳固关系截然不同。幻觉清醒时，迷恋也就结束了，而由于真诚的人之间毫无隐瞒，因此也不存在靠一时幻觉维系的关系。

作为人群中的领导者，智慧自是不可缺少；但是如果没有真诚，其领导地位不会长久、稳固。短期来看，一个不真诚的人可能得到前呼后拥，但他很快就会陷入被众人嫌恶的境地。原因在于他的伪装不可能骗人一辈子，人们终会发现他真实的丑恶面孔。他就像一个化了妆的女人一样，自以为人人都爱她姣好的容貌，殊不知，人人都知道这不是她的真容。她唯一的思慕者，就是她自己，深陷于自恋中无法自拔。

真诚的人关于自己不会想太多，他们觉得自己的才华、天赋、美德、美貌等都不值一提。正因这种"不自知"，他们时刻吸引着身边的人，也收获了信心、喜爱和尊重。

◎真诚的人才有洞察力。在他们面前，所有的伪装都无可遁形，只消一眼，他们就能辨别出那些虚假的表演。欺诈者根本无法面对他们的眼睛，只想快点逃离。唯有这些正气凛然、容不得半点虚假的人，才有能力区分真与假。他们既不骗人，也不会自我欺骗。

人们能清楚地辨识出自然事物，哪个是蛇，哪个是鸟，或者马、树、花等等，真诚的人也能明确辨别各种人格。他观察一个人的一言一行，判断他的品行，然后作出相应的反应。他时刻警觉，却不多疑；他时刻准备好发现虚假的东西，却没有对人失去信任；他从积极的角度出发去思考，并不过分消极。人们对他敞开心扉，他认真观察、聆听。他的判断往往正中核心，明确而不含糊，使好人士气大增，坏人羞愧难当。对于那些还没有成长到如他般成熟的人来说，他是最好的榜样和老师。

◎洞察力产生力量。理解了各种举动的本质以后，人们就能以最恰当的方式来应对它们。知识就是力量，关于各种行为本质的知识是无上的力量。拥有这种力量的人，就有能力指引其他人向善而行。即便他离开这个世界，他仍然会留下巨大的精神力量和影响力，引导人们向好的方向改善。起初，他的力量是有限的，但是在他的影响下产生的能量圈却在不断地扩大，直到全世界，直到所有人都被"卷入其中"。

真诚的人在一切言行中都刻下了其品格的烙印，与其相接触的人们也都是其品格的见证。他某时说过的一句话，被一个人铭记在心；接着，一传十，十传百；最后，可能千里之外一个受伤的灵魂因为他的这句话，被治愈了。这种力量，本身就是一种成功，其价值根本无法用金钱来衡量。金钱买不来可贵的品格，但是持之以恒的善行可以。那些真诚的人，那些一生正直的人，其自身就已经是成功的了。

这就是强大的真诚之柱——挺拔，坚韧。这一支柱一日不倒，成功之殿就稳固不动，墙不会塌，椽不会朽，顶不会漏。真诚的人存活一日，他所带来的繁盛品格就存在一日。即便有一天他过世了，留下的"遗产"也足以为后代提供庇护。

# 第八章

# 第七支柱——公正

# 摒弃偏见

❖

> 一个人要想做到公正，必须抛弃其与生
> 俱来的自负感，这样才能从多个角度来看待
> 问题。

摒弃偏见是一项伟大的成就。偏见是人类前进道
路上的阻碍，阻碍人们获得健康、成功、幸福和繁荣。
因此，那些难以摆脱偏见的人实际上一直在和想象中
的敌人做抗争。对有偏见的人来说，生活确实是一场
充满阻碍的竞争，在这场竞争中，阻碍移不走，目标
也达不到；但是对公正的人来说，生活就是在美丽的
乡下走走转转，最后在神清气爽中恬然睡去。

一个人要想做到公正，必须抛弃其与生俱来的自
负感，这样才能从多个角度来看待问题。凡事最难的

总是第一步，能开始就已经很可贵。真理能"撼动大山"，而偏见就是阻碍了一部分人目光的"心灵的大山"。他们以为，山外什么也没有；而当大山被移走，展现在这些人眼前的，是"无尽的风光"——多样的思想，有光有影，有声有色，简直称得上是视觉盛宴。

因为执着于偏见，人们失去了多少欢乐，多少朋友，多少幸福，和多少光明的未来！但是，要想完完全全摒弃偏见很难。很少有人能在关乎自己利益的问题上保持客观。一个人在面对自己的事情时，很难能够不带任何感情地分析其中利弊，衡量所有因素，作出最接近真理的判断和选择。每个有立场的人都有自己的理由。他们寻找的不是真理，因为他们认为自己的结论就是真理，其他的都是错的；但事实上，他们是为自己的利益、为了自己的成功而战。他不会摆事实、讲道理地去证明自己，而是会激烈地甚至是愤怒地捍卫自己。

持有偏见的人所推导的结论往往没有切实的事实依据，但他们又不能接受任何的反驳。于是，偏见成了他们获取知识的一大阻碍。偏见使人陷于黑暗和无知之中，心智难以发展、提高。更可怕的是，偏见切断了他们和那些出色的人交流的通道，因而使其永远困于孤独而自负的小天地里。

偏见让人再也接收不到新鲜的事物，看不到更多的美好，听不到更美妙的音乐。他们囿于自己狭隘的、不真实的成见，认为这就是世界上最伟大的东西。他狂热于自己的结论（也仅是一种自恋罢了），认为所有人都应该认可他；与他意见相左的，他都认为是愚蠢的人。这样的人不会知道什么是真理，他的认知只是自己的偏见而已。他看不到真实的生活，但却以为自己是战无不胜的（尽管这一点毫无根据）。在他的想象中，凡事只有一面，就是他看到的那面。但是，万物至少都有两面，只有那些真正客观地去看待事物的人，才能明白这一点。

面对有争议的事物，这个世界就像一个法庭，两方律师在为各自的立场辩论。控方律师提出所有对自己有利的证据，而被告方律师亦然；同时，双方律师都试图反驳对方的证据。在这场庭审中，法官是人群中公正的思想者：充分听取双方的发言，详细对比分析后得出最公正的评判。

　　倒不是说，所有的偏向性和极端的事物都是坏事，大自然有它的规律使处于两极的两方形成一种平衡。偏颇甚至促进了发展和进化，它能引发还未获得强大健全心智的人思考，由认识到偏见到思考如何摒除它，是所有人都必会经历的一个阶段。这是条通向真理的"偏路"，充满了困惑和痛苦。有偏见的人看到真理的一部分，就以为已经看到了全部；而公正的心智会看到真理的方方面面。看到部分的真理固然必要，但当我们收集了所有的部分，并拼凑成完美的整体时，才算是真正做到了不偏不倚，实现了公正。

# 公正是到达真理最近的途径

✥

一个人如果能够保持思想的纯净，不被
任何的偏见或自己的自负所影响，那么他的
力量就是不可估量的。

公正的人在衡量和评判时，不会带有任何偏见和
个人喜恶。他唯一的愿望，就是发现真理。他不会有
先入为主的观念，而是让事实说话。他没有自己的小
算盘，因为他知道真理不容改变，自己的想法也不会
对其有任何影响。因此，他不会像那些执守于偏见的
人一样，内心充满焦虑和紧张。此外，因为直面事实
和真理，他的内心安宁而平静。

由于不受偏见之困如此难得，所以不论公正的思
想者身处何处，他迟早都会站在这个世界的高处，掌

控自己的命运。即便他不一定会成为世俗意义上的高官，但他一定会有极大的影响力。他可能是一个木匠，一个纺织工，或一个牧师；他可能一贫如洗，也可能身价百万；他可能玉树临风，也可能身材矮小。不论他是什么样子、身处何方，总有一天，他所具备的充满创造性的力量会被世人认可，撼动整个世界。

约 2500 年前，印度就诞生了这样一个人物。他出生在皇家，受过高等教育。后来，他成为了一个身无分文、无家可归的乞丐；今天，全球有三分之一的人口信仰他，供奉他，生活在他的影响之下。

当一个人被偏见所累时，就不可能成为一个思想者，而不过仅是一个固执己见的人。从始至终都被公正地评判是不可能的，每个想法都必定会经受一些偏见，直到绽放它的光彩。有偏见的人从自己的角度分析一切问题，而思想者则会从事实出发。一个人如果能够保持思想的纯净，不被任何的偏见或自己的自负所影响，那么他的力量就是不可估量的。这种力量内化在他的身体里，就像是花朵的花香一样，从他周边散发开来。这种力量存在于他的一言一行，一举一动，存在于他的思考，甚至存在于他的静默中。不论他走到哪，命运之神都会找到他，因为伟大的思想者就是世界的中心，人们都会围绕着他，被他所吸引。

真正的思想者不会被情感的旋涡吞没。他不会被个人情感影响判断力，因为他抓住了理性的原则，因此能独立在自高自大的欲望之外，成为一个客观的、有根据的观察者。他能公正地从两个方面看问题，真正看清楚这场竞争的起源和意义。

不止那些伟大的人类导师，还有那些伟大的文学家也都抛下了偏见，像镜子一样客观地反映着这个世界。惠特曼、莎士比亚、巴尔扎克、爱默生、荷马，无一不是心怀宇宙，而非拘泥于自己个人小情感的人物。

他们心怀苍生、宇宙，明晰所有的自然法则。他们是指引人类的先知，最终将万物引到安宁和谐之地。

# 公正的四要素

✣

公正的灵魂具备了神圣的光辉，无限地
接近了"真理"的照耀。

公正包含如下四种重要成分：公平，耐
心，镇静，智慧。

真正的思想者一定是最杰出的人，他的使命是追
求精神的高贵。公正的灵魂具备了神圣的光辉，无限
地接近了"真理"的照耀。

公正包含如下四种重要成分：公平，耐心，镇静，
智慧。

◎公平是指付出与回报是相符的。"强买强卖"
是一种变相的偷窃。购买者应给付所买之物应得的价

值，再加上一点利润；而提供方也应适时结束讨价，达成交易。

公正的人不会想着占便宜，他会估量物品的价值，然后根据这个价值来交易。他奉行的是"如何做才对"，而不是"怎么才能卖出最高价"，因为他深知适度的才是最好的。他不会损人利己，他知道一笔公正的交易会使双方都受益；贪小便宜的事不能做，因为风水轮流转。不义之财难以让人成功，反之，那是失败路上的标志。对公正的人来说，贪小便宜如同偷窃一般，在他看来是不诚实的行为。

商场上的讨价还价并不是真正的商业精神，而是自私自利的表现，说明一个人想要空手套白狼。正直的人不会在自己生意里虚报价格留下讨价还价的余地，他的商品标价合理，不会改变。他绝对不会弄虚作假——商品也是，价格也是。

那些总想着"打败"卖家的顾客其实是丢掉了自己的尊严。他们不外乎是两种心态，一种是认为卖家不诚实，定价偏高；另外一种就是想让他赔钱，从而自己占便宜。这类顾客的行为本身就是不诚实的。秉持这种心态的，往往是那些抱怨"被坑了"最多的顾客。这并不意外，因为他们自己一直想的，就是"坑人"。

另一方面，有些商人总想着"压榨"顾客，而完全不顾商品的真实价值，这样的人和强盗无异。最终，成功一定会离这样的人远去，他的所作所为都会回报到他身上。

某天，一个年过半百的老人对我说："我突然发现，这么多年以来我买东西都白白地多付了一倍的钱啊。"一个内心公正的人是不会觉得自己多付出了什么的，因为他不会做自己认为不公正的交易；但是，如果一个人希望只付出一半的价格就能买到东西，那他当然会整天哀号，觉得自己买贵了。公正的人总是愿意付全价，因此不论是付出还是得到时，他的内心总是平静的。

人不应该吝啬刻薄，而应该尽量公正；否则，他就会变得不诚实，不慷慨，没有气概，与只想获得不想付出的小偷没有两样。人也应尽量避免过分讨价还价，想着占尽便宜。让顾客和卖家都以一种更有尊严的方式来交易，这样，才能实现有利双方的双赢局面。

◎耐心是公正的人身上最闪耀的特质。这里不是指像女孩玩针线或男孩修玩具这样的某种耐心，而是一种始终如一的、面对任何困难和挑战都不会改变的平和态度。要做到这一点确实很难，但一点点地朝这个方向前进，也总能做到，即便只是部分的耐心，也能创造出奇迹来。相反，没有耐心常常招致毁灭性的后果。暴躁易怒的人总是很快倒霉，没有人会想和为一点点小事就炸起来的人共事。就连身边的朋友也会一个个远离他，没有人可以忍受他人因为一点小误解就对自己恶语相向的人。

人们都应当学会控制好情绪，培养耐心。如果想要获得成功，那么就必须让自己有用、有力量。一个人应当学会为他人考虑，学会包容和体谅；应当学会和那些在大事上与自己持不同意见的人和平相处，像避开致命毒酒那样避免与他人激烈争吵。对于一路相伴的压力和逆境，应当坚定勇毅地对治它们，他必须通过践行耐心和平和，来突破这些压力和逆境，获得内在的宁静。

　　冲突是难以避免的，它会让人内心不能平静；耐心很稀有，它会让心灵更丰富和美好。对小猫来说，暴躁、发脾气都不需要费什么劲，只要随心所欲就好了；对人来说，真正难的，是要耐心面对人性中的种种缺点。但耐心最终一定会克服一切。就像水滴石穿，耐心也会战胜种种对抗、违逆的力量。有耐心的人，一定会一往无前，掌控全局。

　　◎镇静也是一种难能可贵的品质，它总是与耐心相伴而生。当人们的心灵长久地徘徊于欲望之海后，镇静才是最终能获得休息的港湾。获得宁静需要人经过不断的苦痛、忍受、磨难，最终战胜这一切。

　　内心未获得镇静的人也做不到公正。兴奋、偏见和偏袒都来自情绪的失控。当一个人受到情绪控制时，内心就会像大坝拦住的洪水一样翻腾。冷静的人则能通过更理性的方式来疏解自己的情绪，从而不受其奴役。他会站在别人的角度思考问题，像看待自己的意见一样尊重他人的意见，像重视自己的成果一样重视他人的成果。他不会损人利己，不会以自我为中心；他不会妄自尊大，而是客观如实地观察事物。他不会轻易发怒，因为在他看来，没有什么可值得发怒的，就像没有必要因为一朵花是三色堇不是玫瑰而生气一样，也没有必要因为别人意见和自己不一样而发怒。"世界上没有想法完全相同的两个人"，冷静的人总是能认清这一事实。

镇静而公正的人不但是最快乐的人，也是最能掌控自己力量的人。他们坚定而从容，执行力强，不知不觉间就实现了那些急躁的人辛辛苦苦、耗时耗力才能达成的成就。他们的心灵纯净，能量满满，随时随地都准备好了全力投入到新的任务当中。那些冷静的人心中总是愉悦、平和的，在他们看来，没有什么矛盾是不可以缓和的。正如爱默生所言："镇静，能带来恒久的愉悦。"

但我们不能把冷漠和镇静混为一谈，因为这是截然相反的两种品质。镇静的人能够做到完全或者一定程度的无私，他们克服了自身自私的念头，同时知道如何来应对他人所体现出的私心。不论在何种环境下，镇静的人都是胜利者，不容打败。

能做到自控比拥有财富更可贵；镇静，是有神圣特质的品质。

◎智慧属于公正的人。它的忠告指引着你，它的羽翼保护着你，它为你指引走向幸福终点的道路。

智慧有很多面。智者总是能调整自己，与他人友好相处。他从大家的利益出发，不会违背道德准则而作出不正确的举动。愚蠢的人则无法适应与他人相处，不仅自私自利，而且总是举止失当。公正的举动背后，都有一定程度的智慧；当一个人开始尝试向公正靠近，他会一点点精进，最终成为一个真正公正的人。

充满智慧的想法、言语和行动都是世界的财富。智慧是知识之井，是力量之源。它全面而复杂，精确又包罗万象，即便是最细微的细节也囊括其中。智者的头脑中，各种知识都有序地各司其位，因此其并不会感到负累；同时，这些智慧也是自由的，虽不知极限在哪，却也不会认为自己永远正确。智者是成熟稳重的成年人，而愚者就像哭泣的婴孩。智者不会软弱、依赖，不会像孩子般无知，他们强壮挺拔，随时蓄势待发，却又不乏内心的宁静。

一个人如果拥有理解他人的能力，那他就不需要外部的支援，他自己的知识储备就已足够——不是书本上的知识，而是成熟的经验。他了解过所有人的想法，因此十分熟悉他们的心理；他深入接触过许多的心灵，因此知道他们一路来的喜怒哀乐。

当一个人拥有了智慧，他将变成一个新的自己，拥有新的能量和目标。他所在的整个世界都会不一样，因为他要完成新的光荣使命。

这就是成功之殿堂的公正之柱。在其支撑下，成功之殿屹立不倒，荣光永存。

# 第九章

# 第八支柱——自立

# 不自负，不自卑

✥

*多少个世纪以来，人们大都依附着外力*
*而活，却没有倚靠自己天生的纯粹和秉性。*

每个年轻人都应当读一读爱默生的《论自立》。
我认为，这是有史以来最有男子气概的散文了。它能
帮助治愈当下年轻人常见的两种"疾病"，即自我贬低
和自高自大。它能让自命不凡的人看清自己的虚荣和
渺小，也能让羞怯的人认清自己的软弱。它揭示了男
子气概应有的样子——不仅是过去所定义的那样，更
多地是他们所处的当今时代所提出的新要求。自立的
主要优点，就在于其有力的品质。

千万不要将自立和自负混为一谈——前者是优秀
的、高贵的，而后者则是没有价值的。自立的人，不

会有任何刻薄之处；而自负的人，没有任何伟大之处。

面对自己不了解的问题，如果一个人羞于承认自己"不知道"，怕被人嘲笑无知，言之凿凿地把猜想当作肯定的答案而一通胡乱回答，那么他终究会被人识破，其无知会被人耻笑，尊严尽失。反之，如果承认自己不知道，反而人们会尊敬他的诚实。

胆小怯懦的人总是害怕自己一不小心做了什么不被允许的事，害怕被嘲笑——这样的人是不完整的。他一定会效仿别人，而没有自己的想法。他需要自立来迫使他有自己的主见，而不是单纯地做别人的跟屁虫。至于嘲笑，它并不能给人们带来什么伤害。自立的人都有一副"钢盔铁甲"，讥讽、嘲笑都不能刺穿，无法伤到他们分毫。那些讥笑的冷言冷语像利箭般投向他们，但都被他们的自信反弹了回去，毫发未伤。

爱默生说，"相信你自己，每颗心都随着那根强劲的丝弦而搏动。"多少个世纪以来，人们大都依附着外力而活，却没有倚靠自己天生的纯粹和秉性。极少数做到的人，都成了英雄；确实，真实地展示自我，正视自己内在的价值，有这种精神力量的人是真英雄。

诚然，有潜力成为这种英雄的人必会经历严峻的考验。他不能被世俗眼光的羞辱打败，不能害怕失去自己的地位和荣誉。他必须学会独立地思考和行动，与当下时代习惯的一切逆向而行。当他经受住了考验，诋毁和憎恶都不能影响到他时，那么他就成为真正的男子汉，得到所有人的认可。

总有那么一天，所有人都会向他汇聚而来，最杰出的人也会尊重他的成果和价值，承认他在历史上的价值。

# 因为自立，所以谦卑

✥

　　自立的人没有什么好隐藏的，而且非常乐于学习；自立和谦逊是兼容的，甚至可以说，二者是互补的，因为最自立的人往往也是最谦卑的。

不屑于学习一定不是自立的标志，有这种态度的人往往天生固执、傲慢，他们满是弱点，最终必然走向失败；而自立的人则充满力量，在成功的道路上大步向前。骄傲和虚荣依附的都是外物，比如金钱、衣着、财产、名声、地位等；一旦这些失去了，一切皆成空。自立者依靠的都是人生立足之本，包括自身价值、正直、纯粹、真诚、真理等等；失去别的任何东西对他来说都没什么，因为这些品质永远都不会失去。

骄傲的人通过炫耀和胡思乱想来掩盖自己的无知，并且非常不愿意被当作学习者。这样的人的人生建立在无知和浮夸之上，今天飞得越高，明天就会摔得越惨。自立的人没有什么好隐藏的，而且非常乐于学习。自立和谦逊是兼容的，甚至可以说，二者是互补的，因为最自立的人往往也是最谦卑的。爱默生说："物极必反，最谦逊的人才最骄傲。没有哪个贵族，甚至是王子，能与圣人的自尊自爱相比。若不是他深知上帝在他身上，他怎能将自己放得这么低？"佛陀曾言："在我在世时以及灭度后，那些只依靠自己而不凭借外力，将追求真理视作至上目标，视作获得解脱的唯一道路，不寄希望于自己以外的世界的人，才能达到常人难以企及的高度。但是，他们必须愿意学习。"佛陀一再强调了自立和学习的重要性，这也是我迄今听过关于自立最有智慧的表述。他认为，寻求真理的人必须在自信和谦逊之间找到最佳的平衡点。

"自信是英雄主义的核心。"所有伟大的人都是自立者，我们将之当作导师和典范，而不是工具和督导。当一个伟大的人出现，他不依靠外力，专注地坚持真理，很快，全世界就开始倚靠他，拿他当作自己精神怠惰的借口。与其活在伟人的荣光下，滋生自己的恶习，不如点亮我们自己的美德，作为前进路上的灯火。我们可能会从别人处"借火"，但是适可而止，因为一旦依赖他人，我们自己的火炬就会熄灭，最终，自己会陷入黑暗之中。唯有自己的光，才是永远可靠的。

我们每个人都应当立足于自己原本的样子。有人说"但是我又弱小，又贫穷"，那么，就立足和面对于自己的渺小吧，终有一天，你会变得强大。小宝宝需要妈妈的怀抱和奶水，但成人就不需要了。小孩慢慢学会用四肢爬行，最后学会走路。最开始人们向上帝祈祷，希望赐予他们苦苦寻求的东西，希望赐予他们粮食。但是，人终究会成熟起来，他们不会再祈求上帝恩赐，而是自己努力去获得。

人类最大的问题是不自信，因此自信的人非常稀有。如果一个人评价自己是"虫子"，那么他除了会蠕动几下也再无别的用处。人们不应该自我贬低，应当正确看待自己。如果自己身上确实存在问题，他应该做的是尽量去改正，并学习怎样才是正确的。只有一

个人看轻自己时，别人才会看轻他；当他以高尚的方
式生活时，他就是高尚的。

人们不应该反复提起自己因为一时的失误而导致
的失败。这不是谦逊的表现。一个人跌倒了，他要做
的应该是站起来并吸取教训。比如说，一个人掉进了
水沟里，他不会躺在那里跟每一个路过的人讲述他是
怎么掉进去的；他会站起来继续向前走，只不过会更
加小心。同理，当一个人犯了一次错，他也应该站起
来自己清理干净，然后继续欢快地赶路。

一旦做到自立，一个人就离成功又近了一大步，
他能产生的影响力也会大增。对于老师、经理人、监
督者以及所有需要管理力和控制力的行业来说，自立
更是不可或缺。

# 自立的四要素

✛

自立有以下四大特质：决断，坚定，尊严，独立。

自立有以下四大特质：决断，坚定，尊严，独立。

◎决断力使人强大。在人生的舞台上，哪怕他的角色再微不足道，他也必须有决断力并找到自己的位置。不论你犹豫什么，都不能怀疑自己扮演好角色的能力，一定全力以赴。你需要掌握能让你安身立命的技能，并把它学扎实。可能你要做的仅仅是点清货物、记住价格，但也必须认真学习，直到确定自己掌握了。你必须时刻做好准备去面对工作中的困难，通过不断的刻苦的练习，你才能自如应对工作中的困境和突发状况。"犹豫就代表迷失"，这句话不无道理。当一个人自己都对自己没信心时，别人更不会相信他。谁会和一个连自己商品的价格都记不清，或是摆放的位置都记不住的人做生意？因此，一个人必须了解自己和自己所做的事。如果自己都拎不清，谁还能指引你呢？所以必须通过学习知识和技能，学会充分地、恰当地展示自己。

对自己领域内事物一清二楚是自立的一个重要成分。一个人要想有分量，必须有能够影响到别人的真知灼见，如何像别人传达这真知灼见本身就是极高超的技巧。他应当使自己说出来的话就代表着权威和专业，而不是引述前人知见。他不仅仅具备知识和真理，并对自己的深浅有明确的认识，这样他才能透彻清晰地向别人教授东西，而不是一直像个见习生那样。

优柔寡断是很可怕的。一分钟的软弱，可能会将到手的成功拱手让人。那些害怕做决定太快会犯错的人，几乎每次都会犯错；那些思维敏捷、行动迅速的人，反而很少会犯低级的错误。而且，快速出击犯下的错误比犹犹豫豫犯下的错误要好，因为，前者只是一次失误，而后者还暴露出失误的人太过软弱。

　　不论是针对自己知道的事情，还是不知道的事情，人都应该有决断力，说出"是"或者"不是"，他都应该一样果断。他应当勇于承认自己的无知，就像笃定地分享自己的知识一样。如果他总是实事求是，那他就从不会在两种意见之间纠结、犹豫。

　　迅速下定决心，果断采取行动。若早已经过深思熟虑，胸有成竹，采取行动时能更加快速精准，就更好了。


　　◎坚定是有决断的人的特质。作出最终选择后，就要坚定不移地执行下去，坚信这就是最好的路。不论怎样的灾难降临，坚定的人都誓死捍卫原则。他们的誓言不用写下来，甚至不用说出来，因为对信念自始至终的执行下去才是誓言的本质。

　　没有原则的人不会有大的成就。只顾私利的做法是一潭满是荆棘的泥淖，陷入其中的人只会越来越下沉，不断被自己制造的失望刺伤。

　　在一群同行人中，一个人必须找到自己的立足点，他不能朝令夕改，反反复复。奸诈狡猾是一种缺点，它带来的伤害远不仅是毁掉名声和影响力。有着动物般原始的行动力的人会有通向真理的捷径——他会超越那些下定了决心，却没有魄力坚持的人，也会超过那些根本没有自己想法和主见的人。当人们都意识到，力量可以用在行善上，也同样可以用在作恶上时，也就不难理解有些教理不精却一头扎进去行动的人会比整天争辩不休的神学家更早到达天堂。尽管他们的方式是粗糙的，但他们至少是坚持了自己的道路，做到极致，形成了一股力量。只要你把这股执着用在善的地方，罪人也会变成圣人。

人们应当有自己独立、坚定的想法。他应当秉持放之四海而皆准的原则，指引自己对是是非非的判断，带领他走过迷雾，激励他勇敢面对生活中的挑战。他选择的那些准则，对他而言，不仅仅指导他收获幸福，甚至比生活本身更重要。如果他坚守这些原则，他会发现，这些原则保护他不受敌人和危险的伤害，为他照亮黑暗中的路，在他伤心时为他提供怀抱，在世界纷扰时为他提供庇护。

◎尊严是坚定的人"华丽的衣裳"。那些面对邪恶如钢铁般坚硬、面对善良却仿佛柳条一般柔软的人，他自身所散发的庄严气场足以震慑到周围的人。

那些不坚定的人没有任何坚守的原则。当他们自己的利益面对威胁时，他们据理力争；当需要因恪守道德底线而作出牺牲时，他们立刻举手投降。这样的人对外界没有任何吸引力，内心也不会获得平静。

有尊严的人不会被欺压、被奴役，因为他不会践踏、奴役自己。他只消一个眼神，一句话，一阵沉默，对方便被击溃。他的存在本身就是对那种轻率、无理举动的谴责，而对于拥抱真善的人，他的存在如丰碑般伟岸。

有尊严的人受人尊敬的主要原因，不仅在于其充分地自重，还在于他也像尊重自己一样尊重别人。骄傲的人只爱自己，而对所有位于其下的人投以蔑视，自恋、自负和看不起别人往往是成双成对的。因此，人越爱自己，就越傲慢。真正的尊严不是来自自恋和自负，而是来自自我牺牲，即不偏不倚地坚守原则。

一个法官怎样才会受人尊敬？他必须尽职尽责，审判时完全遵照庄严的法律，不掺杂任何个人感情。如果一个法官不顾律法，完全依照个人偏见和情感来判案，那么他的尊严就荡然无存。因此，正直的人仰仗神圣的律法，而不是个人情感。当他向情感低头的那一刻，他的尊严就离他而去了，他自己也会湮没在愚蠢、不能自律的平庸中。

只要坚守准则，每个人都可以获得尊严和镇静。只要这一准则正确，那它就是不可摧毁的。只要一个人能坚守其准则，面对任何个人情感因素都不妥协，那么不论是利益、偏见、激情还是其他什么，不管它们有多强烈，在他面前都是无效的。最终，这些情感都会被其征服。

◎独立自主是人的基本权利。所有的人都崇尚自由。所有的人都渴望自由。

每个人都应当为社会作出一点贡献，除非他的身体和精神状况不允许，否则，他应该为不劳而获感到羞耻。如果有人把不劳而获当作自由，那他应该知道，这其实是最低级的奴役。总有一天他会发现，自己在人群中毫无价值，得不到他人的尊重。

独立，自由，解放，这些都是通过劳动而非懒惰得来的。自立的人强大、正直、有荣誉感，他们不会像小婴儿一样寻求他人的帮助；他通过自己的智慧和双手，收获了一个人的美好生活，不论他的出身是贫是富。他们用自己能承担得了的方式，为社会作出了自己的贡献。

唯有能自力更生的人，才是自由的，独立的。

这就是成功之殿的八根支柱，我们至此已经明白了它们的根基，它们的建筑形式，它们的组成成分，它们的材料、各自占据什么位置以及它们如何支撑着成功之殿。原来那些不太了解它的人应当了解得更多了；那些已经足够了解它的人，更加清楚其体系。现在，我们来看一下成功之殿本身，我们了解了它八根支柱的力量，再来看一下它的墙壁，它的屋顶，它的整体建筑之美。

# 成功之殿

❖

要想获得成功，我们首先要建筑成功的灵魂，也就是美德。然而，大多数人都看不到美德的重要性。人们眼里只有金钱、房子、狂欢等等，他们以为这就是成功。但是，当他们真的得到了这些，却发现自己并没有快乐。

那些阅读本书是为了学会如何挣钱，如何做生意，或者希望了解关于商业、价格、市场、交易等因素的人看到这里可能会发现，这本书中鲜有关于上述问题的细节介绍，原因有以下四个方面：

第一，细节本身并没有什么价值，唯有在指导原则的作用下才有效用。

第二，细节太多，而且处在不断的变化之中；原则数量不多，而且永恒不变。

第三，原则是所有细节的共通点，并且将之紧密联系在一起，因此熟悉原则也即掌握了附属的细节。

第四，作为传授真理的老师，一定要坚守原则，不能让自己迷失在不断变化的、纷扰因素极多的细节迷宫之中。原因在于，细节属于个例，仅仅对于某些人适用，而原则是普遍适用的。

抓住本书原则并能够明智实践的人，就能深切体会到这四个原因。事件的细节固然重要，但是它们仅仅是某一个领域的细节，或者说，仅仅是某个事件、某个人独有的细节，旁人都没有办法借鉴。但是道德准则不同，它是普世适用的，适用于任何人、任何情况，也囊括以上所说的细节。

抓住原则性观点的人不会为细节所累。他能从纷繁复杂的细节中找到一条提纲挈领的原则，仿佛找到了黑暗行进路上的光亮，指引他不受扰乱，不受束缚，摆脱压力。

当人们终于找到原则时，才能看清由于自己困于细节导致了多少麻烦。根据原则，细节都是次要事实，所有的问题和困难，遵照原则都可以解决。

陷于细节中而缺乏系统和原则的人，就像迷失在丛林中，找不到一条可以直接穿越林林总总到达终点的路径。这样的人的头脑被浩瀚如烟的细节吞没。而找到原则的人，则能将所有的细节含摄于心中，只提炼出一条统领原则。他能看到全部，而前者一次只看得到离自己最近的部分。

原则能统领一切，万物皆有法则。抛开事物的本质看表象是不正确的。细节是表征，而原则是本质。艺术、科学、文学、商业、宗教，无一不是如此。人的身体由无数精细的部分组成，但其中不可或缺的，是灵魂。没有灵魂，身体也就变得无用了。同样，要做成一件事需要无数的细节，但唯有找到指导原则，这件事才会成功。否则，失败就是注定的。

要想获得成功，我们首先要建筑成功的灵魂，也就是美德。然而，大多数人都看不到美德的重要性。人们眼里只有金钱、房子、狂欢等等，他们以为这就是成功。但是，当他们真的得到了这些，却发现自己并没有快乐。

　　成功本来就是关于精神的。它是一种道德力量，是一种生活，外在体现为充实、幸福和快乐。一个人单纯地写诗、写文章、写剧本是成不了天才的，他必须首先培养自己写作的态度和精神；同理，一个人只靠存钱、买房是成功不了的，他必须培养自己的美德，物质旋即自会追随他而来。美德使人快乐，它能给予人们丰盛、满足和生活的充实感。

　　金钱、房产、物质积累等都不会快乐，因为它们是没有生命的。唯有人才能体会到快乐，因此，快乐其实就藏在人的身体里。一个人应当学会如何使用外在的物质，而不是一门心思想着怎么把它们囤起来。人应当让物质为其所用，而是不是反被物质奴役。这一生，应该是物质跟在人后，而不应该是人在追赶物质。当一个人拥有美德，何愁物质不会乖乖跟随？

　　天堂里什么都不缺：真实，美好，必需的东西都在。我认识一些富人，他们非常快乐，因为他们慷慨大方，纯粹而愉悦；我还认识一些富人，他们很悲惨，一生都把金钱和财产当作自己的幸福，却并没有发掘自己身体里真正快乐的精神。

假如一个人一年才赚一万块钱，为什么说他是"成功"的呢？原因在于，真正的成功包括健康、和谐和满足。当一个有钱人很幸福时，并不是因为财富带给了他幸福，而是他将幸福带到了自己的财富上。他是一个既有物质生活而又精神充盈的人；反观那些悲惨的富人，他们不过是一群寄希望于财富，渴望从中获得幸福的空虚的人。

因此，成功就变成了一个从美德中衍生出来的概念。唯有明智地用好自己所拥有的物质财富，成功才会真正降临。如果一个人想要摆脱外界的束缚，他首先要做的就是摆脱内心的束缚。如果他满是自私、邪恶的想法，那么财富非但不能解脱他，反而会成为进一步奴役他的工具。

所以，成功带来的影响不能单独考量，而应当和精神、道德方面的原因结合起来。每座楼都有深埋地下的地基，那也是它能屹立在风雨中不倒的原因；同理，每一次成功也有表面看不到的内在原因。成功的根基，就在于品性，除此之外再无其他。真正的财富是全面的，包括幸福、健康、成熟、健全、快乐等一切。前面提到的那些悲惨的富人并不是真的富有，他们不过是被金钱、奢靡和放纵所累，结果这一切都成了自我折磨的工具。拥有这一切，反而成了施加在他们身上的诅咒。

遵守道德的人一定会收获幸福和成功，这一点从没有过例外。他这一生所取得的成就，使他的生命更加完整。因为践行美德，他的良心是安宁的，他的名字是光荣的。他所受到的诸多福佑都与其善良的个性分不开，如果没有高尚的道德，金钱方面的丰盛也是不可能的。

在此，让我们重新回顾一下八大支柱的力量和宏伟：

1.**能量**——调动内在的所有力量，活力满满地去完成自己的任务。

2.**经济**——以更有效的方式集中使用能量，注意保留自己的物质资源和精神资源（后者是精神财富，因此更具重要性）。

3.**正直**——始终如一地诚实，遵守自己的承诺和契约，不论结果是赚是赔。

4. **条理**——有序不紊地系统调度工作，最大程度地减轻压力。

5. **共情**——大度，慷慨，温柔，善良，包容，和蔼，自由。

6. **真诚**——成熟，无保留，真实，人前人后始终如一，善良不只存在于口头上，而是践行在生活中。

7. **公正**——公平，不谋私利，平等地对待双方。

8. **自立**——从自己的内心寻找力量，坚守自己的原则不改变，不会诉诸外部随时可能被收回的帮助。

一个人的生命如果具备了这八大支柱，就不可能不成功。其力量之大，是任何的物质力量和知识力量都不可比拟的，拥有这八大支柱，一个人必然会所向无敌。但是，我们常常会发现，人们总是在一些方面做得很好，在另一些方面做得很差——而正是做得不好的这一点，导致了失败，举个例子，把一个人在经商上的失败归咎于太诚实是不对的。诚实这个特质不可能导致失败，他的失败一定是有其他因素。再者说，把太诚实当作是商业活动失败的原因，本身就是对商业这一正直活动的侮辱，是对众多恪守诚信正直的商业人士的毁谤。一个人可能有充沛的能量，懂得运用经济和条理性的原则，但是在另外五大支柱方面却很弱。这样的人失败，是因为缺乏支撑成功圣殿的前四根支柱中的"正直"。他的成功之殿这一个角落是虚的，在搭起这座殿堂之前，前四根支柱必须先建立起来，且足够稳固。能量，经济，正直，条理，这是人们必须预先具备的四种品质，没有它们，后四根支柱无从谈起。再比如说，一个人如果只是前三根支柱很稳固，而缺乏秩序和条理，那么他一定会碰到很多混乱和麻烦。如此类推，前四根支柱缺一不可，后四根支柱是可贵的性格，有些情况下，它们可以只是加分项。所以，如果一个人想要在任何领域获得确定的成功，他必须认真切实建筑、管理好自己的前四大支柱。在这些原则的指导下，规范自己的思想和行为；不论何时遇到困难，都遵照原则予以解决；不论在任何情况下，绝不为了一时的个人私利，抛弃原则。一旦丢掉了原则，他们所获得的一切，就终会失去。拥有完美的四大支柱的人，一定会在自己的领域有所建树，且会十分稳固。所有的人，只要愿意潜心学习这些原则，都能建筑好自己的四大支柱，因为它们是如此简单直白，连小孩子都能懂得是什么意思。而且，要做到这些并不需要人们作出很大的牺牲，当然，一定程度的自律是需要的，毕竟在这个世界上，没有任何成功是不需要付出的。后四根支柱，相对来说比较深奥，也比较难理解和实践，需要更高程度的自我牺牲。到目前为止，很少有人能做到完美实践它们所要求的"个人与私人感情完全脱离"，但只要尝试去为此努力的人，不论做到了何种程度，都获得了更大的力量和更丰富的生活。这一部分人的成功之殿被饰以壮丽的美，甚至他们的后人仍为其恢宏而赞叹。

对那些依照本书开始建造自己成功之殿的人来说，他们应当铭记的一点是，任何的构筑都需要时间，因此，他们应当极富耐心，一砖一瓦，一点一滴地慢慢垒造。这个过程需要体力，也需要智慧。尽管看不见摸不着，但这座宫殿切实存在，就像是"建造了七年"的所罗门盛殿一样，"尽管没有锤子，没有斧头，没有任何工具敲敲打打的声响，但宫殿确实存在"。

亲爱的读者，去培养自己的品格，建立自己的生活，构造属于自己的成功之殿吧。不要学那些在自己的私欲中浮沉的愚蠢家伙，要在自己的劳动中寻得平静，要在成功的事业上获得嘉奖，要使自己处在拥有坚实人生根基的智者之列——这一根基，是永恒延续的真理准则。

第二部分

# 坚定的内心

第一章

# 成功的人生：
# 掌握心灵与头脑

每个生命都生活在自己的精神世界中。他的喜与悲皆是自己头脑的产物，依赖于头脑而生存。世界的中心，大多数人聚居的地方，却因众多的罪恶与悲伤而黯淡，那里还存在另一个世界，因闪光的美德与清新的欢乐而点亮，那里生活着众多完美的生物。这个世界可被发现并进入，方式即是通过自控力与道德美。这是一个完美生物的世界，它理应属于人类，冠以完美才能得以完整。完美生活并不是黑暗中的人类所设想的缥缈、不可实现的东西；它极其可能实现，就在不远的将来、切实存在。只要人类继续执念于那些脆弱的条件，便依然是一种上瘾的、悲泣的、罪恶的、忏悔的生物。但当他愿意摆脱那些黑暗梦境、起来反抗，他便会崛起并实现这种生活。

# 神圣之勇气是信念的伴侣

✛

人生的苦恼深刻、根深蒂固，但亦可被探究并根除。

那些英勇奋战、不肯屈服的人，会成功战胜生命中的一切黑暗。我在一开始便声明这一点，读者也许会发现这确定无疑。我将在本书中展示其要素，不论是性格上还是行为上。这些要素会建立平静的力量与至高无上的生活。

与真理面对面站立，在无尽的漂泊与痛苦之后，抵达智慧与福气，不会被挫败或驱逐，最终战胜每一个内在的敌人——这便是人类的神圣命运，这便是人类的宏伟目标。

人类生活的现阶段，仅有少数人能抵达这个胜利——尽管最终都将抵达。在人生的学校中，人类仍是初学者，很多人去世时依然是初学者。但也有一些人，一生之中，通过对目标的执着追求与对黑暗、痛苦与无知的艰苦斗争，最终获得对生命的正确认知，快乐地度过学生时代。

在宇宙之中，人类不可能永远只是一个小学童，因愚蠢与失误而遭受鞭打。当他情愿并期待，他便可将心思放在职责上，掌握生活的经验，变成自信、娴熟的学者，生活在理解与安宁而非愚昧与悲惨之中。

人生的苦恼深刻、根深蒂固，但亦可被探究并根除。人性的激情与情绪，在其放纵的状态，压倒一切、冲突剧烈，但仍可得以缓解、调和，并获得睿智的指引与理解，最终变成为高尚目标而工作的忠实仆人。

人生的困难是巨大的，斗争是激烈的，期待的问题飘忽不定、难以捉摸，世间的男男女女很容易因此而感到崩溃。这些条件不是客观及任意的存在。在其真实本性中，它们是主观的、纯粹精神的，并可被超越。在宇宙秩序中，并不存在固有及永久的邪恶。思想可被提升至一定的道德高度，在这里邪恶无法染指。

存在于永恒与宇宙正义、统治一切的善良之中的坚定信仰，是成功人生的前奏。那些旨在让内心变得坚强、平静与坚定之人，起初，不会疑惑生命的核心是美好的。那些凝视着宇宙秩序、经历过解放狂喜的人必能认识到生命中除了自己创造的，其他皆是有序的。这个认识极难领悟，在其不完美阶段，头脑倾向于自怨自艾与自圆其说。但它仍可实现，只有过着自由生活的人才能实现它。首先它必须被信任，该信念必须被坚守，直到长成为认识与知识。

当把人生苦难当作训诫的经历且心怀信念之人接受它，便能大大减轻该苦难。当所有的经历被视作美好，并在品格发展中加以利用，有识之士能如此重视并利用它们，人生苦难便能被超越、被抛弃掉。

信念是黎明前的黑暗，存在于知识充实与完美的一天伊始。没有它，你就不会获得力量与心灵的永久安全感。心怀信念之人，当困难出现时，不会屈服；当麻烦来袭时，不会绝望。不管前路看起来多么陡峭、黑暗，他都期待一个光明的坦途。他看到的是安宁与光明的目的地。那些不相信善良终将胜利之人可耻地屈服于邪恶的要素。一定会是这样的：因为那些不能提升善良的人，邪恶便会增长，并且，将邪恶看作人生主宰的人，只能收到邪恶的报偿。

那些在人生之战中屈服于挫败的人，轻率地谈论着他们所承受的由他人带来的错误。他们相信——亦试图让别人相信——如果不是他人的背叛与恶行，他们本可大获成功、发家致富或赫赫有名。他们无数次地讲述自己是如何被蒙蔽、被欺骗以及被贬低的。他们认为自己是绝对值得信任的、无辜的、实诚的、好脾气的，几乎所有的其他人都是邪恶的。他们说，如果可以与那些人同样自私的话，他们亦可以实现同样的成功与尊贵。他们自身的最大缺点和失败的首要原因便是他们生而无私的伟大天赋。

如此自我吹嘘的抱怨者不能区分善与恶。他们对人性和宇宙美好的信念已消失殆尽。面对他人，他们看到的只剩邪恶。反观自己，看到的只有痛苦的无辜。他们意识不到自身的邪恶，却认为人性皆恶。在他们的内心里，将恶魔加冕为生命之主宰，在万物进程中只看到自私的争夺。该争夺导致善良被粉碎、邪恶大获成功。他们对自己的愚蠢、无知与软弱视而不见，看到的，只是自己命运的不公和现实的悲惨与不幸。

那些过着成功生活的人——或仅精神上自认高贵与成功的人——必须即刻根除与抛弃头脑的悲惨状态，该状态否定一切美好与纯净，却凸显所有的卑劣与不洁。不幸、痛苦与挫败大多在等待这样的人，他们相信欺诈、谎言与自私是实现成功人生的最佳武器。对于那些相信为了出人头地，必须不断地否定、阻止人性中美好特质的人，他又能开发出怎样的勇气与力量，又能享受什么样的平静与快乐呢？那些相信邪恶强于善良的人，依然陷于邪恶要素之中。这种陷入导致他要承受的——必须承受的——只有失败。

也许这个世界看起来仍然不尽美好，恶事盛行、美好衰落，除了风险、不公与混乱，再无其他。但请不要相信这些，仅把其当作难以捉摸的表象吧。结论是：你并没有看到生活的本真，你并未洞察事件的起因。当你能用更纯净的心灵与更睿智的头脑看待生活，你将看清并理解它的公正。如此，眼前所见的邪恶会变成美好，混乱会变成秩序，不公会变成公正。

宇宙是和谐而非混乱的，恶事不会盛行。世间确实尚存许多邪恶，否则便没有道德目标存在的必要。世间仍有许多不幸，邪恶与不幸像因果一般相互关联。同样，世间亦有许多美好和持久的喜悦，美好与喜悦也像因果一般相互关联。那些有着至高善良信念的人，没有明显的不公、没有大量的痛苦、灾祸无法动摇他们的信念，他们能度过所有突发事件，通过一切考验与困难，并用崇高的勇气对抗怀疑与绝望的恶魔。也许他们不能取得所有计划的成功，甚至会遭遇许多失败，但失败过后，他们会架构更高尚的目标、创造更高的成就。他们的失败不过是通往更大成功的必经之路。他们的生活不会、也不能一败涂地。

有一种动物性勇气，可以冷静面对战争中敌人的炮火或野兽的狂怒，但会在人生之战中落败，遭遇内心愤怒的野兽时，便会崩溃。这就要求一种更高、更神圣的勇气。这种更神圣之勇气是信念的伴侣。

只有神学信仰（通常与信念混淆）无济于事。对上帝、耶稣、创造天地等的信仰，仅仅是肤浅的见解（主要衍自风俗习惯），无法触及人类的现实生活，亦没有能力去赋予信念。这种信仰可能伴随着信念，但又截然不同。通常，那些固执地坚守对上帝、耶稣，以及《圣经》的特定信仰的人最缺乏的便是信念——也就是说，当一些小麻烦来临时，他们便会陷入抱怨、消沉与悲痛之中。当一个人沉溺于对生命中一些简单事物的烦躁、焦虑、绝望以及嗟叹之中，尽管他怀有宗教信仰或玄学哲学，但是他仍旧缺乏信念。因为哪里有信念，哪里便有勇气、刚毅、坚定与力量。

"不敬神者"是无良之人，尽管他们可能是教堂信众，并立誓信仰上帝。"对神敬虔之人"是美好之人，尽管他们并未信奉任何宗教。抱怨者与恸哭者是不忠实、不可信任的。

信念赋予人们崇高的勇气超越生活中琐碎、自私的失望，以及困扰的能力。它不承认失败，而是把它作为通往成功的阶梯。它坚强，所以经得住考验；它耐心，所以经得起等待；它精力充沛，所以敢于斗争。它能感知万物中良性的真理法则，确保心灵的最终胜利和头脑的庄严权力。

点亮心中的信念之灯，让它指引你穿越黑暗。

它的光线黯淡，无法与知识的灿烂阳光相媲美，但足以带领人类安全地穿越疑惑的迷雾与绝望的黑暗；沿着疾病与悲伤的狭窄、荆棘满布的道路，越过诱惑与不确定性的沼泽。它让人得以战胜在心灵的丛林里暴怒的肮脏野兽，跨过平原，征服山峰。这里不再需要信念的黯淡之光，因为黑暗，所有的疑惑、失误和悲伤皆被抛在身后，他获得新的意识，进入一个更高的阶段，在灿烂的知识之光下独立、安宁地生活和工作。

# 男子气概、女性气质与真诚

❖

我看到一群男男女女来到这个世界。男
人会成为真正的男人，坚强、正直、高尚，
睿智而不屑愤怒、不贞、冲突与仇恨；女人
亦会成为真正的女人，温柔、真诚、纯洁，
慈悲而不屑流言蜚语、诽谤与欺骗。

在男人真正虔诚之前，必先具备男子气概；在女
人真正虔诚之前，必须具有女性气质。若无道德力量，
便不会有真正的善良。傻笑、炫耀、造作、谄媚、伪
善与满面笑容的虚伪——让这些东西从我们的头脑中
永远地消失吧。邪恶天生是软弱、无能、怯懦的。善
良实质上是坚强、高效、勇敢的。让人学会与人为善，
教他们坚强、自由与自立。

也许有人会误解我的本意。他们猜想，你教导人们温顺、纯净及耐心，所以培养的品格如女孩子般软弱。其实不然。只有具有男子气概的男人和女性气质的女人可以恰当地理解这些神圣特质。具有积极的道德品质与高度的纯净与荣誉感，以及拥有正常人类强大的动物天性的人，比其他人更易实现成功的人生。

这种动物性力量，以不同的形式在你体内汹涌澎湃。兴奋时，它带你盲目地横冲直撞，使你忘记更高的天性，丧失男子气概的尊严与荣誉。但如果能正确抑制、掌控并引导这种力量，它便能赋予你神圣的力量。借助它，你就能实现生活中最崇高和最幸福的胜利。

通过鞭打和纪律约束，内心的野蛮会趋于顺从。你将成为心灵、头脑及自己的主宰者。激情应是你的奴仆，而非你的主人。务必将它们约束在自己的位置，加以适当地抑制与要求，这样它们便能为你提供忠诚、坚强、乐观的服务。

你并不"邪恶"。你的身体与头脑皆不邪恶。大自然不会犯错误。宇宙建立在真理之上。你的一切功能、才能与力量皆是美好的，正确引导它们便会得到智慧、圣洁与幸福；错误引领它们，你得到的是愚蠢、罪恶与不幸。

人类在纵欲、顽劣、仇恨、暴食，以及无价值、非法的享乐中消耗自己，然后抱怨生活。他们应该埋怨自己。人应自爱自重，而不是滥用本性。他应始终如一地严格要求自己，避免兴奋与匆忙。他应一贯保持高尚，不屈服于愤怒，不愤恨他人的行为与观点，不与口出恶言、刚愎自用的攻击者做徒劳的争论。

安静、谦虚，以及安分守己的尊严是成熟与完美男子气概的主要标志。尊敬他人，亦尊重自己。选择自己的路，迈着坚定、果敢的步伐走下去，并避免干扰他人。仁慈伴随着坚定的力量。他优雅而机智地改变自己以适应他人，但绝不牺牲自己的男子气概所依赖的坚定原则。拥有这种能平静面对死亡却不放弃一点儿真理的刚强力量，连同保护弱小的温柔同情心，便是成就具有神圣男子气概的必要条件。

即使他人的良知引导他们去了与你相反的方向，你也要尊重这样的人，并忠实于自己良知的指引。

在自然法则创造的宇宙中，如果我们意欲成为有责任心、主动行动的人，我们就要主宰自己的意志，同时尊重他人的意志。若我们想变得坚强、果断，就要宽宏大量、品德高尚。若想战胜生命的苦难，便应超越本性中的渺小。

解放的道路是多么平坦，胜利的喜悦是多么庄严。做自己的主人，摆脱弱点。不要迎合反常的渴望、非正当之欲望或病态的自恋与自怜，不给它们驻扎的机会，用训诫的决心与力量迅速歼灭它们。

人应主宰自己，仿若将其握在自己手心一般。他应该拿得起放得下。他知道怎么利用事物，而非反被事物利用。他不应成为奢侈品的俘虏，也不该是为了必需品而吃鞭子的奴隶。他应该独立、自足，在任何情况下都做自己的主人。他必须训练、管理自己的意志，用自我克制，亦即顺从的方式——顺从自己本性的法则。违抗法则是人类的至高邪恶，亦是一切罪恶与痛苦的源头。愚昧状态下，他设想自己可以战胜法则并抑制他人的意志，由此折损了自己的力量。

人类能战胜忤逆、愚昧、罪恶、自负及违法，他能战胜自我，这是他男性力量与神圣能力的所在。他能领会自己同类的法则，并遵守它，像孩童服从自己父亲的意志一般。没有他根除不了的坏习惯，没有他克制不了的恶念，亦没有他无法征服的痛苦。

男子气概的自力更生不仅能与神圣的谦逊和谐共处，同时还是它的伴随物。当篡夺了他人的权威，人便变得傲慢自大、自私自利。他既不要求亦不对自己行使过大的权威。强大的自制能力与对他人的善意体贴相结合，便造就了具有真正男子气概的人。

首先，人必须诚实、正直、真诚。欺诈是最盲目的愚蠢。虚伪是人世间最无力的伎俩。试图蒙骗他人，骗到的终究只是自己。人应摆脱诡计、卑鄙和欺诈，这样便能磊落、开放、坚定；摆脱羞耻与困惑，内心不退缩、不忧虑。缺少真诚，人不过是一副空洞的面具。无论他尝试任何事，都将是死气沉沉、徒劳无益。从中空的器皿中只能传来空洞之音；亦只有空虚的言语能在伪善中继续。

人并不是有意识的伪君子，然而却轻率地沦为虚伪的牺牲品。这种虚伪破坏幸福并摧毁他们品格的道德结构。他们中有些人定期去宗教场所，日复一日、年复一年地祈祷。然而祈祷的目的还包含对敌人的诋毁，或者，更糟的是，愚弄或诽谤一位不在场的朋友。尽管当他们见到他／她时，脸上还挂着微笑，嘴里说着恭维话。最可悲的是他们完全意识不到自己的虚伪。当朋友抛弃他们之后，他们会抱怨整个世界，通常也包括人类的不忠与空虚，并悲痛地告诉你说这个世界并不存在真正的朋友。

这样确实不会有持久的友谊。因为虚伪，即使看不到，也能感受得到。那些无力给予信任与真理的人，亦不会获得它们。真诚对待他人，他人亦会对你以诚相待。尊重敌人，捍卫不在场的朋友。如果你对人性丧失了信心，那么请先找出自己哪里出了错。

在儒家的道德准则里，真诚是"五德"之一：

诚者，天之道也；诚之者，人之道也。

君子之德风，小人之德草，草上之风，必偃。

所谓诚其意者，毋自欺也。如恶恶臭，如好好色，此之谓自谦，故君子必慎其独也。

小人闲居为不善，无所不至；见君子而后厌然，掩其不善，而著其善。人之视己，如见其肺肝然，则何益矣。

曾子曰：十目所视，十手所指，其严乎！……故君子必诚其意。

因此，真诚之人不会做也不会说那些一经曝光便会为之羞耻的事情。精神的正气使他笔直、自信地行走在人群中。他的存在即是一种强有力的保护。他的话语直接而有力，因为它们真实。无论他做什么工作，都能取得成功。尽管忠言逆耳，他却能赢得人心。人们依赖他、信任他、尊敬他。

勇气、自立、真诚、慷慨与善良，这些便是构成坚强男子气概的美德。没有它们，人类不过是环境中的一抔黏土，一件脆弱、摇摆不定的东西，无法进入到真正生活的自由与欢乐之中。每个年轻人都应培育并照料这些美德。只有成功生活其间，才能准备迎接成功的人生。

我看到一群男男女女来到这个世界——男人会成为真正的男人，坚强、正直、高尚，睿智而不屑愤怒、不贞、冲突与仇恨；女人亦会成为真正的女人，温柔、真诚、纯洁，慈悲而不屑流言蜚语、诽谤与欺骗。他们会孕育出同等高尚的优良后代，他们迫近时，失误与邪恶的黑暗恶魔会退却。那些高尚的男男女女能使地球重生。他们会维护人类尊严，维护大自然，恢复人类爱、幸福与和平的能力，人类将在地球上建立没有罪孽与悲痛的生活。

# 你的力量就存在于你的体内

❖

你的力量就存在于你的体内，你既可利
用它向下穴居，亦可利用它向上攀登。


宇宙能量是多么奇妙啊！永不疲倦、无穷无尽，
在永恒的运行之中。它在原子与星辰中运动，用永不
止息的、炽热的、脉动的力量创造万物的和谐。

人类是创造性能量的一部分。通过对心智能力的
结合，该能量在他身上表现为喜爱、激情、智力、道
德、理性、理解与智慧。他不是能量的盲目引导者，而
是自觉地运用、控制、指导它。他缓慢，但确定无疑地
将获得对该能量外在的控制权，促使它们提供顺从的服
务。同样确信的是他将掌控内在的力量——思想的微妙
能量——并引导它们进入和谐与幸福的路径。

人类在宇宙中的真实地位应该是王者而非奴隶，善良法则下的指挥者而非邪恶统治下的帮凶。身体与心灵是他统治的双重势力范围，行走在这个地球上，他问心无愧、坚强英勇，温柔善良。他不再匍匐在自卑之中，而是在完美男子气概的尊严中凛然前行。他不在自私与懊悔中乞怜，亦不再恳求原谅与仁慈，而是立场坚定，在道德生活的崇高威严中自由自在。

长期以来，人类皆认为自己是邪恶、虚弱、微不足道的，但却一直自甘于此。就在不久之前，新时代骤临于世，他才发现：如若自己奋然而起并下定决心，自己便是纯净、强健、高尚的。奋然而起并不是指反对任何外在的敌人、邻居、政府、法则、精神或君权，而是指与占据自己头脑并困扰自己的愚昧、愚蠢与不幸做斗争。因为正是愚昧与愚蠢使人类卑躬屈膝，借助知识与智慧便可重建他的王国。

让那些甘心情愿的人，鼓吹人类的虚弱与无助吧，但我愿意讲授的却是人类的气力与力量。我的写作是为成人而非幼儿，是为那些渴望学习并认真实践的人，是为那些愿意抛弃个人嗜好、自私欲望、卑劣思想的人，是为那些不需要依靠欲望与遗憾而过活的人。真理并不是为轻浮及轻率的人而存在的，成功的人生亦不是为吊儿郎当和游手好闲的人而准备的。

人类是主宰者。如若不是，他便不能违背法则。因此，他所谓的软弱便是气力的象征；他的罪孽是神圣能力的倒置。就因为他的软弱与罪孽不过是被误导的能量与被误用的力量吗？在这个意义上，做坏事的人是坚强而非软弱的，但他愚昧无知，将自己的气力用在错误而非正确的方向，违背而非遵从万物之法则。

痛苦是被误导力量的反冲。如果你正悲泣罪孽，那就停止犯下如此罪孽，并树立与之对立的美德。这样软弱便能转变为气力、无助转变为动力、痛苦转变为欢乐。将自己的能量导出罪恶的旧途，并指引它们进入新的美德的征途，罪人也能变成圣人。

宇宙能量也许是无限的，以特定形式存在的量却是有严格的限定。一个人拥有定量的能量，他可以合理运用它亦可滥用它，可以保存、提纯它，抑或浪费、消散它。力量即是提纯的能量，智慧是顺应于慈善目标的能量。具有影响力与权势的人将自身的全部能量引导至一个伟大的目标，然后耐心地工作，等待它的实现，在其他或更加愉悦的方向耗费掉自己的欲望。愚蠢、软弱的人所思所想的皆是玩乐、满足即刻的欲望、追随一时的兴致或冲动，因此轻率地陷入思想的乖戾与贫乏之中。

在一个方向耗用的能量无法再使用到其他方向。这是一个普遍法则，不管是思想上还是物质上。爱默生称之为"补偿法则"。在给定方向的收益必然会导致其相反方向的损失。置于一端天平上的力会被另一端天平抵除。大自然总在努力寻求平衡。玩乐的追求者绝不是真理的探求者。

浪费在突发坏脾气上的力气是从一个人的美德储备，尤其是耐心的美德储备中提取的。精神上，补偿法则即是牺牲法则。若想收获纯净，必须牺牲自私的玩乐；若想得到爱，必须放弃仇恨；若想拥抱美德，必须摒弃罪恶。

认真的人不久便会发现若想在世俗的、智力的或精神的征途上收获成功、坚强与持久，他就必须抑制自己的欲望，牺牲众多看似甜蜜的东西，是的，甚至许多看似重要的东西。

具有坚定决心的人应牺牲掉爱好、身体及精神嗜好、利诱的陪伴、诱惑性的玩乐，以及一切在生命中不为中心目标所服务的工作。他睁开双眼面对一个事实，即实践与能量是有严格限制的，因此他便能减省一个，集中注意于另一个。

愚蠢的人将能量浪费在猪一般的安逸与贪吃的嗜好上，浪费在无聊的玩乐与空谈里，浪费在可恨的思想与烦躁的激情爆发中，浪费在徒劳的争论与爱管闲事的冲突之中。紧接着他们抱怨说，很多人都比他们更"幸运地获得有益、成功及伟大的生活"，他们妒忌备受尊敬的邻居——他牺牲自我，谨守职责，并将所有的能量倾注在对一生事业的忠诚上。

"公正的人，讲真话，做自己的事，世界便会珍视他。"让人致力于自己的事情，将所有的能量集中于完美实现人生的职责，而不是退到一旁去谴责或干扰他人的职责，这样便能发现人生是简单、坚强与幸福的。

宇宙被善良与力量环绕，它保护坚强与善良的人；

邪恶与软弱导致自我毁灭，这也是自然法则。

首先，要坚强。力量是坚实的基石，成功人生的殿堂即矗立于此。

缺少中心动机与坚定决心，你的人生便是贫乏、软弱、漂泊、动荡的。让一时的行动受心灵深处的恒久目标所支配。在不同的时间，你将有不同的表现。如若心灵正确，行动亦不会失误。你偶尔会跌倒或迷失，尤其是在巨大的压力之下，但你很快便能重拾自信。因此，只要用内心的道德罗盘指引自己，不将其抛在一边来满足自己的嗜好，以及不沉湎于无常的漂泊，你将变得愈来愈睿智与坚强。

追随你的良知，忠实于你的信念。现在就做你认为正确的事情，抛弃所有的拖延、踌躇与恐惧。如果你确信在特定的情况下履行你的职责，必需用最严厉的措施，那就实施这些措施，不让不确定性存在。你采取的措施也许不是最佳的，但如果它们是你所知最佳，那么你的简单职责便是实施它们。如果你又迫切要求进步，并乐意学习，你便能发现更好的方式。事前深思熟虑，事中切莫犹豫。

避免愤怒与固执、欲望与贪婪。愤怒的人是软弱的。固执的人，拒绝学习或修正自己的错误，是愚蠢的。他在愚蠢中老去，灰白的头发并不能带给他尊敬与荣耀。好色之徒只将能量耗在玩乐中，不储存一丁点儿男子气概与自尊。贪婪的人无视人性的高贵和生活的荣耀，他将能量耗费在永久的地狱苦难而非享受天国的幸福之上。

你的力量就存在于你的体内，你既可利用它向下穴居，亦可利用它向上攀登；你可将其浪费在自私之中，亦可将其保全在善良之内。同样的能量可使你变成野兽，亦可使你成为神灵。你指引它的路线决定它的结果。不要这样想："我的头脑很虚弱。"而是要通过对精神力量的重新定向，将虚弱转变成气力，能量转变为力量。将思想引入高尚的路径。抛弃徒劳的渴望与愚蠢的懊悔。摧毁抱怨与自我哀怨，不与邪恶嬉戏。抬起头，在神圣力量上站起来，摒弃头脑与人生中的一切卑鄙与软弱。不要像抱怨的奴隶那样过着虚假的生活，而是要像征服的主人那样过着真实的生活。

# 幸福是自控的恒久财产

✣

人若能自控，便是幸福、睿智与伟大的。人若任由动物性掌控自己的思想与行动，便是不幸、愚蠢与卑鄙的。

如果允许精神能量按照阻力最小的路线行进并进入简单的通道，我们便称之为软弱。当它被收集、聚集或被迫进入上升，以及截然不同的方向，它便变为力量。这种能量的集中与获得皆可通过自控实现。

谈起自控，人很容易被误解。它不应使人联想到毁灭性的抑制，而应是建设性的表达。它的过程不是死亡，而是生存。它是神圣并巧妙的嬗变，通过它，软弱变得坚强，粗糙变得精美，卑鄙变得高尚。通过它，美德取代邪恶，黑暗的激情消退在聪颖的知性之中。

那些掩盖并隐藏自己真实本性的人，除了想留给别人一个关于自己品格的好印象，生活中再没有其他更高的目标。这样的人践行的是虚伪，而非自控。因此，那些理智地践行自控的人将低等爱好转化为智力与道德的精美特质，来增加自己及世界的幸福感。就如技工把煤转化成气体、水变为蒸汽，集中并利用这种精炼的力量来为他人提供舒适与方便。

人若能自控，便是幸福、睿智与伟大的。人若任由动物性掌控自己的思想与行动，便是不幸、愚蠢与卑鄙的。

自控的人能掌控生活、环境与命运。无论他走到哪里，幸福作为其恒久的财产，便被他带到哪里。那些无法掌控自己的人，便被情绪、环境与命运所掌控。如果他无法满足于一时的欲望，便会失望、痛苦。他时断时续的幸福完全取决于外部事物。

宇宙中并没有可以毁灭或损失的力量。能量可被转换，但不能被毁灭。关闭陈旧与不良嗜好的大门，便是打开新的与更好习惯的大门。放弃先于再生。所放弃的每一次自我放纵、每一次禁忌的玩乐，以及每一个可恶的念头皆被转换成更纯净、更持久美好的事物。放弃软弱刺激的地方，便是欢乐滋长的地方。种子枯萎，百花开放。蛆虫腐烂，蜻蜓破茧而生。

确实，转化不是瞬间而成，过程亦不是美好、无痛的。大自然将努力与耐心作为成长的代价。在进化的过程中，每一次胜利都是与斗争及痛苦的角逐。但胜利一旦实现，便能持久存在。斗争会过去，痛苦仅是暂时的。破除牢牢固守的习惯，打破因长期运用成为惯性的心理趋势，催生出优良的特性或崇高的美德并助其成长——为实现这一切，痛苦的形变和黑暗的转变阶段不可避免；经历这一切则需要耐心与持久力。

这是人类失败的地方。这是他们重新陷入陈旧、简单的动物惯性，摒弃太过艰苦与严峻的自控的地方。由此，他们抵达不了永恒的幸福，看不到战胜邪恶的人生。

对于那些在挥霍、刺激，以及沉溺于毫无价值的玩乐中寻求永恒幸福的人来说，这种幸福只能在其对立面——自控的人生中发现。只要人偏离完美的自控，便无法抵达完美的幸福。他深陷不幸与软弱，底线便是疯狂、精神完全失控、毫无责任感。接近完美自控的人，也会一步步抵达完美的幸福，增加快乐与力量。如此神圣的荣耀，其庄严与幸福是无限的。

如若一个人欲了解自控与幸福的关系是多么亲密、多么密不可分，他只能审视自己的内心、周遭的世界，以发现愉悦会摧毁不受控的癖好带来的影响。看看身边男男女女的生活，他便能感知草率的言语、激烈的反驳、欺骗的行为，以及盲目的偏见与愚蠢的愤恨，是如何带来悲惨甚至毁灭性后果的。审视自己的人生，强烈的懊悔、不安的焦虑以及压倒性的悲伤在脑海中浮现——体验过极度痛苦的时期，便可实现自控。

但正确的人生、良好管理的人生、成功的人生，所有的一切皆会消逝。获得新条件，运用更纯净、更精神的工具来实现幸福的目标。不再有懊悔，因为恶行不再发生。不再有焦虑，因为自私不复存在。不再有悲伤，因为真理是一切行动之源。

仇恨、急躁、贪婪、放纵、徒劳的野心、盲目的欲望——自我塑造其不良存在的工具。多么粗陋的工具！使用它们的人是多么愚昧与笨拙！爱、耐心、善良、自律、蜕变的抱负、抑制的欲望——真理的工具，借助它塑造精美的存在。多么完美的工具！使用它们的人是多么睿智与灵巧！

任何借由狂热的匆忙与自私的欲望而获得的，皆可通过平静与放弃而最大限度地获取。大自然不受催促，在恰当的时节带来完美的收获。真理也不受支配，它有自己的条件，大家必须遵从。没有什么是比匆忙与愤怒更冗余的。

人应认识到自己无法支配事物，但可掌控自己。他不能强迫他人的意志，却可塑造并掌控自己的意志。侍奉真理的人，万物便侍奉于他。谁能掌控自己，人们便会从谁那儿寻求指引。

有一个大家对之了解甚少却又简单、深刻的真理，那就是人类如果无法在严酷的外界压力下掌控自己，便不适合指引他人、治理事务。孔子有关道德与政治学说的一个基本原则便是：在试图治理事务之前，人应先学会管理自己。那些惯常一遇压力便屈从于歇斯底里地猜忌、暴怒的人，不适合承担重大责任与崇高职责。他们迟早无法履行生活的日常职责，比如对自己家庭与工作的管理。缺乏自控的人是愚蠢的。那些学习怎么制服与控制焦虑的人，会变得日益睿智。尽管有一段时间，欢乐的殿堂尚未完工，在奠定基石与修建墙体的过程中也能积聚力量。终有一日，他会像一位睿智的建筑大师，憩息在自己建造的美丽居所里。智慧存在于自控里，"愉悦与和平"存在于智慧中。

自控的人生不是无益的剥夺，亦不是单调的荒野。它是放弃，对短暂与虚假的放弃以实现持久与真实。有什么比总是追求感官刺激的人更可悲的呢？又有什么是比通过自控而获得满足、平静与启发更幸福的人生更愉悦的呢？

我正吃着一颗从树上摘下的成熟、多汁的苹果，附近一个人说："如果我能享受一颗那样的苹果，我愿付出任何代价。"我问："你为什么不能呢？"他的回答是："我之前酗酒、嗜烟，直到再也享受不了这些东西。"在追求难以捉摸的享乐时，人失去了生命的持久欢乐。

正如控制自己感觉的人拥有更多的物质生活、欢乐与气力，那些控制自己思想的人拥有更多的精神生活、幸福与力量。因为自控展现的不只有幸福，还有知识与智慧。关闭了愚昧与自私的通道，知识与启发的大门便会敞开。获取美德便是收获知识。纯净的头脑亦是顿悟的头脑。严于管理自己的人是幸福的。

我听人谈及"善良的千篇一律"。如果在精神里寻求的是人们所放弃的字面意义的"善良"，那它确实是单调乏味的。自控的人不仅仅只放弃自己的基本享乐，他放弃了对它们的所有渴望。他奋力向前，从不回头观望。他所踏出的每一步，都有新的美好、新的辉煌与崇高的愿景等待着他。

我惊异于自控中所暗藏的启示，我着迷于真理的无限多样性，我喜悦于前景的宏伟，我欢喜于它的光辉与平和。

自控的过程中也有胜利的喜悦：力量扩张与增强的意识、获得不朽的神圣知识财富、为人类服务的持久幸福。甚至那些只走了一段路程的人亦能开拓一种力量，取得一定成功，体验一些快乐，这些都是懒惰、粗心的人所无法理解的。那些体验全程的人将成为精神胜利者。他将战胜一切邪恶，并将其抹去。他将痴迷地凝视宇宙秩序的宏伟，享受真理的不朽。

# 去拥有简单的人生

✣

　　为抵达简单的自由与喜悦，人不应疏于思考，而需多思多想。

　　你已经了解多余的负担对身体的阻碍是什么。你已经体验到摒弃这种负担所带来的幸福的解脱。你的体验阐明了两种不同的人生，一种是被欲望和猜疑所累的人生，另一种则是满足于自然需求而带来的简单与自由，对存在性的冷静思考并消除所有争论与猜疑的人生。

　　有一种人将自己的抽屉、橱柜与房间堆满垃圾与杂物。这种房子有时未能彻底清洁，害虫成群。虽然扔掉垃圾就能除去害虫，而且垃圾毫无用处，他们却又不舍得这样做。他们情愿它堆在那里，喜欢得到它的感觉，尤其是当他们确信再无他人拥有此物。他们说服自己也许有天会用到它，或许它将变得有价可估。

在一所甜蜜、井然有序、管理有方的房子里，人们不允许积聚这样的过剩，以及随之而来的肮脏、不适与忧虑。就算它们积聚成堆，一旦决定清理、复原该房子，还之以光明、舒适与自由，这些无用之物便会被打包扔进火场或垃圾箱。

同样，人的头脑里如果充斥着精神垃圾与凌乱，渴求非法及反常的愉悦，有关奇迹、神灵、天使、恶魔和冗长的神学复杂性的信仰冲突，假设堆砌假设，猜测叠加猜测，直到再也看不到简单、美好、丰足的人生真相，知识消失在玄学的堆砌之下。

简单在于摒弃这种欲望的痛苦困惑与多余的观念，仅坚持永恒与本质的东西。什么是生命的永恒？什么又是本质呢？美德本身即是永恒，性格即为本质。一旦摆脱所有的冗余，正确理解并生活在简化的一些明确无误、通俗易懂且可以实践的原则之中，人生便如此之简单。所有伟大的思想家都拥有如此简单的人生。

孔子布道说知识的完美是从五大美德中获取的，

他将之表达为互惠或同情。

慈悲、同情、爱，这三者完全相同。它们亦是多么简单！但我尚未发现一个人能完全理解这些美德的深度与高度，因为那些完全理解它们的人会将其体现在实践之中。他将是完整、完美、神圣的。他的生命中将不再缺乏知识、美德与智慧。

人类只有认真工作，依照简单的美德戒律规划自己的人生，才能发现自己积聚了多少精神垃圾，目前被迫需要扔掉什么。在思想抵达净化与简单的状态之前，人会一直在严酷中痛苦。清理的过程，不论是对个人思想、家庭抑或工作，都不是轻松、容易的，但结果却舒适与宁静。

所有细节的复杂性，不论是物质还是精神上，都可简化为一些基本的法则与原理。睿智的人借助一些简单的规则支配自己的人生。每一种思想、言语、行动，都各得其所，不再有冲突与困惑。

一位获得圣洁与智慧的广泛声誉的博学家向圣人提问道："什么是佛教中最根本的东西？"圣人回答："佛教中最根本的东西便是诸恶莫作、众善奉行。"博学家又问："我没有让你告诉我三岁小孩都懂的事情。我让你告诉我什么是佛教中最深刻、最微妙以及最重要的东西。"圣人说："佛教中最深刻、最微妙以及最重要的东西是诸恶莫作、众善奉行。确实三岁小孩都知道这些，但头发花白的老者却不能将其付诸实践。"

评论家接着说，博学家需要的不是事实。他想获得一些微妙的玄学，这样他便有机会发挥自己引以为傲的绝妙才智。

哲学某学派的一位成员曾骄傲地对我说："我们的玄学体系是世界上最完善、最复杂的。"我深涉其中，发现它的复杂性，将理清的过程追溯至生命的真相，简单与自由。

我自此学到怎么更好地利用我的精力，并付出时间去追求与践行那些坚定与确信的美德，而不是将其消耗在对美丽却薄弱的玄学蜘蛛网线的纺结之上。

学习是一件很好的事情。作为人类进步与人类善行的高端途径，学习是一种鲜活的力量。

圣人的学问并不亚于那个骄傲的发问者，但却更简单、睿智。如果假设只被视作假设，不与真相混为一谈，那么假设也不会将我们引入歧途。最睿智之人摒弃一切假设，转而依赖简单的美德实践。他们由此变得神圣，抵达简单、领悟与解放的顶点。

为抵达简单的自由与喜悦，人不应疏于思考，而需多思多想。只是这种思考应是为了一个高尚而有益的目标，必须专注于生命中的真相与职责，而不是在无益的理论上浪费时间。

简单的人生体现在生活的方方面面，因为支配它的心灵纯净而强大，亦因为它以真理为中心，栖息其中。奢华的食物、繁冗多余的衣物、夸张的言论、伪善的行为、显摆智力与空洞推测的思想——所有这些都被清除，这样便能更好地理解真理，更真诚地接受真理。他们改观于一种崭新而辉煌的光，真理之光。以往隐藏于知识之中的人生伟大而根本的真相，清晰地呈现。长篇累牍的理论家仅能对其猜想与辩论的永恒真理，变成实质的财富。

心思单纯真诚，以及贤德、睿智之人不再困扰于对未来、未知或不可知的疑惑与恐惧之中。他们坚持站在时代的职责、已知与可知之上。他们不因假设而出卖真实。他们在美德中发现持久的安全感。他们在真理中发现灿烂的光。光将生命真相中的真正秩序展现给他们，为未知的深渊投下希望的光环。他们因此心定神闲。

怀疑、欺骗、不洁、消沉、悲悼、疑虑、恐惧——所有这些皆被抛弃、被丢下、被忽略。自由之人，坚强、沉着、冷静、纯净，在明朗的自信中工作，在神圣的境界里栖息。

# 正确思维带来平静与安宁

✣

成功的生活只留给心灵与智力适应于崇高美德的人。

生命是习惯的组合体，一些是有害的，一些是有益的，所有的一切皆始于思维习惯。思想造就了人类，因此正确的思维方式在生命中至关重要。智者与蠢材最本质的区别便是智者掌控自己的思维，而蠢材被思维掌控。智者决定自己如何思考、思考什么。他不允许外界事物转移自己的思想从而偏离主要目标。但是，蠢材受控于每一个外界事物而引发的思想，作为冲动、心血来潮与激情的工具，他虚度一生。

草率、马虎的思考，通常被称为粗心大意，是失败、错误与不幸的伴随物。一切祈祷、宗教仪式，甚至慈善行为都不能弥补错误思维。只有正确思维可以修正人生的错误。正确的思想态度，不论对人还是对物，都可以带来平静与安宁。

成功的生活只留给心灵与智力适应于崇高美德的人。他必须具有条理分明、连续协调，以及对称的思维。他必须将思想塑造为固定的原则，并由此将人生建立在知识的稳固根基上。他不仅要善良，还必须聪明又善良。他必须知道自己为什么要善良。善良应是他恒定的特质，而不是穿插着愤恨与间歇性冲动。他不应只在良性环境下保持正直，即使被恶毒的环境所抨击，他的美德亦应像不灭的光芒持续点亮世间。他不应允许自己因命运的冲击或周围人的指摘，便从善良的宝座上摔下。美德应成为他持久的居所，成为他躲避暴风骤雨的庇护所。

美德不仅在于心灵，还在于智力。缺少智力的美德，心灵的美德便岌岌可危。理性，如激情一般，也有其缺点。玄学猜测是智力的放纵，正如好色是情感的放纵一般。紧张的思想必须回归事实与道德原则以发现寻求的真理。正如高翔的鸟儿亦会回到岩石中的巢穴寻求庇护与休息，投机的思想者必须回归美德以获取信念与安宁。

　　智力必须接受训练以领会美德的原理，理解牵涉到它们实践中的一切。它的能量必须受到控制，而不应耗费在徒劳的放纵之上，它应被引导至正义之路和智慧之道上。思想者必须在自己的头脑中区别现实与理想。他必须了解自我，清楚自己知道什么，亦要清楚自己不知道什么。他必须学会区分信仰与知识，错误与真理。

　　始终保持正确的心态，感知真理，实现睿智、灿烂的人生，他必须比逻辑更合逻辑。相比最讽刺的逻辑学家揭露他人的思想错误，他更应无情地剖析自己的思想错误。在此过程中，你便能惊奇地发现自己实际的知识程度之低，但也会喜悦于这个财富，尽管微不足道，却是知识的金矿。

　　正如矿工要筛选掉大量的泥土以发现闪光的钻石，精神矿工、真正的思想者亦是如此。他们要从头脑里筛掉陈腐的观念、偏执、猜测及假设，以发现真理的璀璨宝石，将智慧赋予拥有者。

通过筛选过程而最终面世的密集型知识，如此类似于美德，以至于无法将其分割。

在追求知识的过程中，苏格拉底发现了美德，伟大导师的神圣格言便是美德的格言。知识与美德一旦分离，便丢失了智慧。付诸实践的人，深知其中甘味。不付诸实践的人，则不知其皮毛。一个人可以写出关于爱的论文或布道，但如果他严苛地对待家人，对外人心怀恶意，那他关于爱的知识是什么呢？

富有知识的人心中居住着沉默而持久的慈悲，让聒噪的理论家羞愧于自己的花言巧语。他知道，和平便是摆脱了仇恨，与一切和平共处。对美德的狡猾定义，一旦从恶习玷污的唇中吐出，便只会加深愚昧。相比对信息的单纯记忆，知识有更深的源头。与美德交织的知识是神圣的。

错误的思想者因其恶习而恶名远扬；正确的思想者因其美德而众所周知。麻烦与不安困扰着错误思想者的头脑，导致他无法体验持久的平静。他幻想他人会伤害、冷落、贬低、毁灭他。对美德保护一无所知，他寻求的是自我保护，并于怀疑、恶意、愤恨与报复下谋取庇护，最终燃烧于自己恶习的火焰之中。

别人诽谤他，他便诽谤别人；别人指责他，他反唇相讥。别人攻击他，他以双倍的凶猛还击他的对手。"我受到了不公正待遇！"错误思想者叫嚷着，然后使自己陷入愤恨与不幸之中。缺乏洞察力，无法区分善与恶，他看不透这一切麻烦皆源于自己而非他人。

正确思想者不关心自我与自我保护的思想，别人对他的错误行为亦不会使他困扰与不安。他不会想——"这个人冤枉了我。"他认识到只要自己不犯错，其他一切错误皆影响不了他。他懂得幸福就在自己手中，除了他自己，没人可以剥夺他的平静。美德是他的保护伞，报复与他无关。他坚定地站在和平的一边，愤恨无法进入他的心灵。诱惑不会让他措手不及，在他思想的坚固城堡面前，一切攻击都是徒劳。安住在美德里，便是安住在力量与安宁里。

正确思想者已经发现并获得对待他人与事物的正确心态——一种深沉而有爱的平静态度。这并不是顺从，而是智慧。这也不是冷漠，而是警觉并敏锐的洞察力。他已经领会生命的真相；他看到事物本真的模样。他不会忽略生命的细节，而是根据宇宙法则解读它们，将它们视作普遍规划的一部分。他认为宇宙由正义维护。他观察，但不参与，人类的琐碎争吵与短暂冲突。他不加入党派纷争。他同情一切。他不偏爱一方多过另一方。他明白善意最终会征服世界，就像征服个人那样。有一种观点是善良已经取胜，因为邪恶打败了自己。

善良是无法战胜的，正义不会被搁置。无论人类做什么，皆受正义支配，它永恒的王座不受攻击与威胁，更不用说被战胜与颠覆。这正是思想者持久平静的源头。成为正直之人，他领会到正义法则。获得爱，他理解了永恒之爱；战胜邪恶，他认识到善良至上。

真正的思想者，是心灵远离仇恨、欲望和骄傲的人；是用涤荡污浊的双眼观察世界的人；是面对敌人时不心生敌意而满怀悲悯的人；是不对不知之物高谈阔论，内心永远平静的人。

这样，人也许会认识到他的思想与真理相符——他的心中再无苦楚，恶意已离他而去；他会爱上之前所谴责的一切。

　　一个人也许是博学的，但如果不睿智，也不会成为真正的思想者。并不是只要通过学习，人就能战胜邪恶；亦不是通过大量学习，便能克服罪孽与悲伤。只有战胜自我，才能战胜邪恶。只有践行正义，才能终结悲伤。

　　成功的人生并不留给聪明之人、博学之人或自信之人，而是留给那些纯净、正直、睿智的人。前者或能取得某种特定的成功，但仅有后者会取得巨大的成功。这种成功所向披靡、完美无缺，甚至明显的失败也会因额外的胜利而大放光芒。

　　美德不可动摇；美德不能混淆；美德不可颠覆。依照美德思考、行为正直、侍奉真理的人，便是超越生死的人。因为美德必胜，正义与真理是宇宙的支柱。

# 掌控自己的头脑，
# 收获充实的生命

❖

> 平静的头脑存在的地方，便会有力量与
> 安宁，也会有爱与智慧。

拥有真理的人总是有自制力之人。急躁与兴奋、焦虑与恐惧在纯净的头脑与真正的生活中没有立足之地。自我征服会带来永久的平静。平静是一道灿烂的光，为所有的美德增添光彩。就像环绕着圣人头顶的光圈，它亦用闪耀的光环装饰着美德。缺乏平静，人类最大的优势不过是夸大的劣势。一个人如果在罪恶的放纵中忘记自己、在诱惑或危机时刻不体面地盛怒，又能产生什么样的持久影响力呢？

正直的人会保持自律，小心提防着自己的激情与情绪。这样，他们掌控了自己的头脑，并逐渐收获平静。获得平静之后，他们会收获影响力、力量、伟大、持久的喜悦，以及生命的充实与完整。

那些不懂得自律的人，情绪与激情便是他们的主宰者，他们渴望刺激、追逐邪恶的愉悦——这些皆不适合喜悦成功的人生。他们既不会欣赏又无法得到平静的美丽宝石。这样的人用嘴祈祷安宁，但内心却不渴求它。对他们来说，"安宁"这个词也许只意味着他们渴望享受的另一种愉悦。

平静的人生没有愚蠢的得意，亦没有同样愚蠢的抑郁。没有伴随着不幸与丧失自尊的可耻行为。所有这些皆被抛弃，留下的只有真理，真理永远被和平包围。平静的人生是崭新、完整的幸福。放纵之人所厌烦的职责恰是平静之人的喜悦之物。确实，平静的人生中，"职责"这个词被赋予新的意义。它不再是幸福的对立面，而是与幸福相伴。平静的人，拥有正确视野的人，不会将职责与喜悦分离。这样的分离属于欢愉猎取者与刺激爱好者的头脑与人生。

平静很难获取，因为人类盲目地执念于过往的欢愉对头脑的低级干扰，这种欢愉恰恰是由干扰提供。甚至有时候，悲伤也会被当作一种偶然的奢侈而自私地沾沾自喜。但是，尽管很难获取，通往该成就的途径却很简单。它包括放弃一切刺激与干扰，用坚定的美德加固自我，不因变迁的事件与环境而改变，并因此赋予永久的满足与持久的和平。

只有战胜自我、日复一日地追逐沉着、自控与头脑平静的人才能发现安宁。只有克己自制的人才能愉悦自己、祝福他人。只有通过坚持不懈地练习才能收获这种自制。人类必须通过日常努力战胜自己的弱点。他必须了解它们，并学会怎么将其排除在自己的品格之外。如果他持续奋斗，从不屈服，他会逐渐成为胜者。所取得的每一次小小的胜利（尽管有一种观点是，没有所谓小小的胜利）皆意味着获得更多的平静，为自己的性格增添永恒的财富。

他将由此变得坚强、能干、幸福，完美地履行自己的职责，用平静的精神迎接所有事情。即使在生活中，他无法抵达至高平静，他亦会变得足够冷静、纯净，赋予他无畏地面对人生之战的能力，知道自己的善良能让这个世界变得更加丰富一点。

通过不断地战胜自我，人类获取了有关头脑的微妙的、错综复杂的知识。正是这种神圣的知识促使他立足于平静之中。没有自我认知，就不会有头脑的持久安宁。那些被狂暴的激情冲昏头脑的人无法接近平静统治的圣地。软弱之人就像骑上一匹千里马，却任由其奔跑，听凭马儿将他带到任何地方。坚强之人就像骑上一匹千里马，却能高超地驾驭它，按照自己设定的速度，奔向既定的目的地。

平静是已经变成或正在变得神圣的品格之至高无上的美丽，所有与之接触的人都是恬静、安宁的。那些仍存软弱与疑惑之人，会发现平静的心灵会让困扰的头脑安静，鼓舞他们步履蹒跚的脚步，在悲伤时刻给予治愈与安慰。因为那些坚强战胜自我的人，亦会有帮助他人的强烈意愿。那些战胜灵魂疲惫的人也会坚强地帮助途中疲惫的旅客。头脑的平静，并不会被磨难与紧急事件，抑或他人的非难、诽谤，以及歪曲而干扰或颠覆，生而具有强大的精神力量。这是开明而睿智的理解力的真正标志。平静的头脑亦是高尚的头脑。神圣的温柔与外表的坚强皆是针对那些尚未丢失平静，当人生被谎言与屈辱堆积时，亦未忘记平和之人。这样的平静是自控开出的完美花朵。获得它是一个缓慢而吃力的过程，要耐心地穿越苦难的火焰，头脑需要一个漫长的净化过程。

平静之人已然发现幸福与知识的源泉，这个源泉永远不会干涸。他完全掌控自己的力量，他的资源不受限制。无论他朝哪个方向使用自己的能量，他都会彰显创造力与力量。他摧毁自负，通过对法则的遵从，而与自然及宇宙力量融为一体。他的资源不受自私的约束；他的能量不受骄傲的阻碍。

某种意义上，他不再视任何东西为己物。甚至美德也归属于真理，而不再仅是个人之物。他已经成为宇宙力量的自觉本性，而不再是一个卑劣、渺小的生物，追逐琐碎的个人目标。摒除自我，便是抛弃掉隶属于自我的贪婪、不幸、麻烦与恐惧。他行事平静，并同样平静地接受一切结果。他行事高效、精确，能察觉到事业中所涉及的一切。他不会盲目工作；他了解自己没有获得偏袒的机会。

平静之人的头脑就像平静的湖面，它真实地反映生命和生命中的事物。反之，不安的头脑就像湖面的波纹，扭曲一切投在其上的映像。凝视着内心深处的平静，战胜自我的人看到宇宙的真实反映。他看到宇宙的完美，看到自己命运的公正。即使那些被世界视作不公与痛苦的事情，现在皆被认作是自己过往行为的结果，并因此欢喜地将其接受为完美整体的一部分。如此一来，平静以及它在喜悦与领悟中的无限资源，皆与他同在。

平静之人能在不安之人失败的地方取得成功。他能胜任处理任何外在困难，他的内心能成功克服最错综复杂的困难与问题。那些成功支配内在的人亦最有资格掌控外在。平静的头脑能感知各方面的困难，并最了解怎么去面对它。不安的头脑是迷失的头脑。它变得盲目，看不清前路在哪，仅能感受到自己的忧愁与恐惧。

平静之人的资源优于任何可能降临到他身上的事件。没有什么可以使他惊恐，没有什么会让他措手不及，亦没有什么能动摇他坚强与坚定的精神。无论什么样的职责召唤他，他的力量皆能证明自己。他的头脑，摆脱了自我冲突，展示出沉默与坚忍的力量。不论他从事的是世俗事务还是精神工作，他都将以集中的精力与敏锐的洞察力来完成他的工作。

平静意味着头脑能和谐地调整、完美地平衡。所有曾经对立与痛苦的极端都已和解，合并为一个宏大的中心原则，在这里，头脑可以识别自己。这意味着失控的激情被驯服，智力得以净化，个人意志融入到宇宙意志之中。也就是说，它不再以狭隘的个人目标为中心，而是关心所有人的利益。

在人获得永远的平静之前并不算完全的胜利。若过往的事情依然干扰他，他的理解力便不算成熟，他的内心亦不是彻底纯净。人若奉承、欺骗自己，便无法在成功的人生中行进。他必须清醒，充分体会到自己的罪孽、悲伤、麻烦皆由自身造就，隶属于自己不完美的状态。他必须懂得自己的不幸植根于自己的罪孽，而不是他人的罪孽。他必须努力追求平静，就像贪婪的人追逐财富。他不应满足于任何局部的成就。这样，他就可以在优雅与智慧、力量与平和中成长。平静会降临到他的精神里，正如清新的露水落在花蕊上。

平静的头脑存在的地方，便会有力量与安宁，也会有爱与智慧。

# 具有洞察力的人生活在
# 幸福的愿景中

✥

这个世界过去、现在、将来都不会被邪恶统治。邪恶的存在是善良的对立面，正如黑暗是光明的对立面一样。

在对美德的追求与实践中，头脑终会理解神圣的洞察力。它会探索事物的起因与原理，一旦实现，便会牢牢地立足于美德之中。

对美德的培育使理解力变得成熟，人性中恶的倾向消失，恶行不复存在。

一个人在认知公正法则之前，他尚未获得能分辨善与恶、感知善行与恶行的后果的完美洞察力，一旦遭遇诱惑的攻击，性格中筑防不牢的部分便溃不成军。

体验过这种崩溃，他能找出究竟是什么阻碍了他。通过移除这种阻碍，他提升了自己美德的等级，完美的洞察力也随之日益养成。

特定环境下，受到朋友、习俗与环境，而非自己内在纯净与力量约束的人，美德对他而言是看似拥有，实则阙如。只有摒弃所有的外部约束，以及诱惑中隐藏的弱点与恶习，这种美德才会显露出来。

一方面，拥有优良美德的人，在熟悉的环境中，看起来与他的软弱同伴相差无几，美德也不太明显。但一旦遭受巨大诱惑或非常事件，他潜在的美德将展示所有的美好与力量。

洞察力能摧毁邪恶的统治，展示善良法则的完美运行。拥有完美洞察力的人不会犯罪，因为他充分了解善与恶的本质。懂得善与恶的人，在所有善恶因果的后果中，不可能选择邪恶、拒绝善良。正如理智的人不会选择灰烬而是食物，精神觉醒的人亦不会选择邪恶而是善良。罪恶是自欺与愚昧的象征。

在美德的早期阶段，人类对抗邪恶势力。在他们看来，该势力强大到无法抗拒，几乎不可战胜。但是随着洞察力的出现，一束崭新的光照射在事物本质上，邪恶现出原本的样子——一个渺小、黑暗、无能的东西，它不再是一股强大的势力或力量的结合。具有洞察力的人知道邪恶的根源便是愚昧，所有的罪恶与痛苦皆由此而生。由此，懂得了邪恶不过是堕落的善良，他不再厌恶它，而是广施慈悲于所有犯罪与受苦的生灵。

的确，那些迄今为止已在内心战胜邪恶，了解邪恶的本质与源头的人，不可能厌恶、反感或鄙视任何物种，不论其偏离美德多远。但是，当充分感知品格的堕落，他便理解了黑暗的精神状态，堕落即由此滋生。因此，他会同情与帮助那些自己不具洞察力时曾厌恶与鄙视的事物。爱曾奉养洞察力，同情奉养知识。

自我净化及美德催生的洞察力，以品格成熟的形式彰显自己。清晰的智慧，刚健的意志力以及柔和的内心——该组合标志着有教养、成熟以及完美的存在。"善良产出洞察力"，洞察力使善良变得永恒，让头脑专注于纯净与高尚的爱与实践中。

人类的善良如果不因变换的环境或周遭他人的态度而转变，便已抵达神圣的善良。他理解至高无上的善良。

这样的人是强大的，不论其多么默默无闻。他的生存与活动给予这个种族不可估量的益处，尽管他穷尽一生都无法感知或理解这一切。善良如此强大，世界的过去、现在和未来都掌控在善良手中。

善良的人是人类的向导与解放者。通过他们典型的生活，通过他们行为的力量。他们在进化过程中带着整个种族飞速前进。这一切，并不是在任何神秘与神奇的意义上，而是在非常实用与正常的意义上。帮助世界的人并不是创造奇迹的人，而是正义的工作者，伟大法则的侍奉者。

这个世界过去、现在、将来都不会被邪恶统治。邪恶的存在是善良的对立面，正如黑暗是光明的对立面一样。是光明，而非黑暗，具有持久的力量。邪恶是世上最软弱的存在，并终将一事无成。宇宙不仅促成善良。宇宙本身即是善良，邪恶终会一败涂地。

洞察力现于真理之光中，真理之光是万物揭示者。正如白天的光明以其适当的形式揭示世上的一切，当真理之光进入人的头脑，便能以合适的比例揭示生命的一切。那些借助真理的力量来探索自己内心的人，亦在探索整个人类的内心。那些经过长期的探索而感知在头脑中运行的完美法则的人，便揭示了神圣的法则，该法则是宇宙的支柱与主旨。

洞察力驱散错误，终结迷信。罪恶是唯一的错误。人类攻击彼此的信仰，保持愚昧。他们摆脱自己的罪恶之后，茅塞顿开。

迷信源于罪恶。透过黯淡的双眼，有些人看到邪恶的事物，心中构想着不道德之事，他们的想象力遭受着现实中并不存在的怪物与恐惧的折磨。而纯净洞察力存在的地方，不存在恐惧。魔鬼、恶魔、愤怒与妒忌之神、吸血鬼、幽灵，以及所有意识形态怪物的可怕宿主，皆随着产出它们的狂热梦魇消失在茫茫宇宙中。

具有纯净洞察力的人已完成穿越自我与悲伤的长途之旅，心情安定。他征服，所以他快乐。他比其他人更能清晰明了地看清世上所有的罪恶、不幸与痛苦。但是，现在他能从缘由、开端、成长，以及成果中看到它的本真。

他观察万物的成长，从稚嫩到成熟，历经改变与痛苦的阶段，怀着温柔的慈悲与挂念，就像妈妈看着自己孩子的成长。

他看到运行在万物中的正义。他知道错误终究不能取胜，而是化为泡影。他看到正确的统治，尽管隐藏于世俗的双眼，依然不可动摇。他比较着渺小、微不足道的弱点、邪恶的盲目愚蠢与雄伟、不可战胜的力量与善良的无尽智慧，因此他知道将自己牢牢地锁定在善良中。他致力于真理，在正义的行动中获得快乐。

当洞察力在头脑中产生，现实便会显现。它不是与宇宙截然不同的玄学，亦不是不同于人生万事的推测，而是宇宙本身的现实，"自在之物"的现实。

这就是他们坚定的高贵品格的意义之所在，包括古圣先贤们，他们感知并安住在现实中。他们知道生命的完整状态。他们理解并遵从正义之法则。战胜自我，便战胜了一切错觉；战胜罪恶，便战胜了悲伤；净化自己，便能看到完美的宇宙。

那些选择正确、纯净与善良，以及在经历所有的误解、侮辱、失败之后仍坚守它们的人，最终会获得洞察力，真理的世界会在他眼前打开。接着，痛苦的惩戒便结束了，纯净与喜悦与他同在。宇宙因善良的胜利而重拾欢乐，并向其他胜利者致敬。

# 人——主宰者

✣

　　人是征服者，但光征服领土无用；他必
须征服自我。

　　成为自己的主宰者，一种截然不同的意识形态
随之形成，一些人称之为神圣意识。它有别于普通的
人类意识。普通的人类意识一方面渴求个人利益与满
足，另一方面又陷入懊悔与悲伤之中。神圣意识关心
的是人类与宇宙、永恒的真理、正义及智慧。神圣意
识并不是摧毁个人享乐，而是不再渴求与追逐它。它
不再占据首要位置，它被净化，作为正确思想与行动
的后果而被接受。它不再是目标本身。

　　神圣意识里既无罪恶亦无悲伤。罪恶感已消逝，
人生的真正秩序与目标得以揭示，再无伤心的理由。老

子称它的术语为"道"，爱默生称其为"超灵"，巴克博士在以之命名的宝贵著作中将其称为"宇宙意识"。

普通的人类意识是自我意识。自我，亦即人格，被置于万物之前。自我里存在着无尽的焦虑与恐惧。

在神圣意识里，所有的这一切皆已消逝。自我已消失，因此再无恐惧与焦虑，事物以其本真被思考与认知，而不再将其视作为自我提供欢愉或导致痛苦之物。自我亦不期待它们为了自己或短暂或永恒的幸福而存在。

具有自我意识的人受欲望的支配，而具有神圣意识的人支配欲望。前者考虑的是愉悦或非愉悦，后者遵从公正法则而行动。

人类历经自我意识抵达神圣意识；历经自我奴役，带着罪恶与羞愧感，抵达真理的自由，带着纯净与力量。

他们已经抵达世间进化的顶峰，不再需要在自我意识形态中重生。他们是生命的主宰者。战胜自我，便获得了至高知识。他们中的一些人被当作神来崇拜，因为他们彰显了智慧与意识，这种意识与人类正常的自我意识截然不同，并因此被认作不可思议的神秘。但是，神圣意识里并无神秘,而正相反,只有简洁明了。

持久的温柔、崇高的智慧,以及伟大导师的完美平静——从自我意识状态的角度看,这些特质似乎都是超自然现象——当神圣意识的第一缕微光浮现在脑海中,它们皆变得简单、自然。具有自我意识的人获得高尚的道德之前,这种神圣意识并不会出现。

先哲都是掌控自我的人,他们区别于常人的持久的高尚、仁慈的特性,以及谦逊的美德,都是自我征服的成果,是从掌握与领会那些精神力量的长期斗争中得出的逻辑结果。

而拥有自我意识的人是自我的奴隶。他以自我为中心,屈从于自己的激情,以及伴随激情的悲伤与痛苦。他能意识到罪恶与悲伤,却看不到逃离这种状态的出口,于是他试图以神学替代努力。通过飘忽的希望,神学为他提供间歇的安慰,使他成为失败的牺牲品和悲伤的猎物。

具有神圣意识的人是自己的主人。他服从的是真理而非自我。他抑制并引导自己的情绪,会意识到在罪恶与悲伤中成长的力量。他知道,通过自我控制便能逃离这些状态。他不需神学来助力自己，而是尽力做正确的事情。当完成这种控制，他不再有其他，而仅存合乎真理的倾向。他由此成为邪念的征服者，不再受悲伤支配。

那些克服、摒弃自己内心动荡的人，是开明、睿智、永远安宁与幸福的。悲伤的狂暴并不能使他消沉。困扰人类的忧虑与麻烦擦身而过，邪恶之物无法压倒他。安住于神圣的美德里，敌人不能颠覆他，仇敌不能伤害他。善良而平和，没有人、力量与地方可以剥夺他的平静。

除了自我，再无敌人；除了愚昧，再无黑暗；除了从自己本性的不顺从要素里滋生的一切，再无其他痛苦。

陷入喜爱与憎恶、期待与懊悔、欲望与失望、罪恶与悲伤里的人并不是真正的睿智。这些状态皆隶属于自我意识状态，是愚蠢、软弱与服从的标志。

置身于世俗的职责中，真正睿智的人一贯平静、一贯温和、一贯耐心。他接受事物的本真，不期待、不悲伤，不渴望、不懊悔。它们隶属于神圣意识状态，在真理的统治下，是开明、力量与征服的标志。

那些不渴望财富、名望与欢愉的人；那些享受自己所拥有的，即使被剥夺也不会悲伤的人，是真正睿智的人。

那些渴望财富、名望与欢愉的人；那些不满足于自己所拥有的，被剥夺后更是悲痛不已的人，实在是愚蠢至极。

人适合征服，但光征服领土无用；他必须征服自我。征服领土使人成为短暂的统治者，但征服自我让他变成永远的胜利者。

人注定要征服，不是武力征服自己的同胞，而是通过自控征服自己的本性。武力征服自己的同胞是自负的冠冕，而通过自控征服自我则是谦逊的王冠。

作为主宰者的人摆脱了服务自我，转而去侍奉真理，立足于永恒的真理之中。他被加冕，不仅因完美的气概，还因神圣的智慧。他已然克服头脑的动乱和生命的打击。他不屈服于任何环境。他是事件中冷静的旁观者，而不再是一件无助的工具。他不再是罪恶、悲戚、忏悔的凡人，而是纯净、欣喜、正直的不朽之人。他以欢喜、平和的心态感知生命的进程，他是神圣的征服者，生与死的掌控者。

# 知识是关于人生的学习

❖

成功的人生是知识的人生；知识，并不意味着书本学习，而是向人生学习；不是熟识肤浅的事实，而是掌握并领会深刻的人生真谛与真理。

信念是成功人生的开端，而知识是其顶峰。信念揭示路径，而知识是其目标。信念遭受许多苦难，知识超越一切苦难。信念需要忍耐，知识需要热爱。信念行走在黑暗中，但知识行动在光明里。信念激励人们努力，知识以成功为努力加冕。"信念是期望的事物的实质"，知识是拥有的事物的实质。信念是朝圣者的辅助拐杖，知识是旅途终点的避难之城。没有信念，便不会有知识；习得知识之后，信念便已实现。

成功的人生是知识的人生；知识，并不意味着书本学习，而是向人生学习；不是熟识肤浅的事实，而是掌握并领会深刻的人生真谛与真理。缺少知识，便不会有人类的成功，也不会有他疲惫双脚的歇息地，亦不会有他受伤心灵的庇护所。

除了变得睿智，拯救愚蠢再无其他方式。除了变得纯净，拯救罪恶也无其他办法。除了通过纯净与清白的人生之途获得的神圣知识，亦再无法将人类从人生混乱与困扰中解放。永恒的安宁仅存在于开明的头脑；纯净的人生与开明的头脑相差无几。

但是，愚蠢之所以得以拯救，因为可以习得智慧。罪恶亦能得到拯救，因为可以拥抱纯净。可以将全人类从混乱与困扰中解放出来，因为愿意这样做的人——不论贫富，博学或无知——可以进入通往完美知识的谦逊的清白之途。因为——这里有对俘虏的解救，亦有落败者的成功——神殿里有喜乐，宇宙中有欢欣。

博学之人，战胜了自我，亦能战胜罪恶、邪恶，以及生命中所有的不和谐。走出罪恶与悲伤玷污的陈腐头脑，他塑造出新的思想，因纯净与平和而增辉。他身故于邪恶的旧世界，却重生于一个崭新的世界，这里爱与完美法则盛行，邪恶不在，他在不朽的善良中获得永生。

忧虑与恐惧、悲痛与哀伤、失望与懊悔、不幸与悔恨——这些在睿智的世界中皆无立足之地。它们是自我世界里阴暗的栖居者。生命中的阴暗事物便是头脑的阴暗状态，它们尚未被智慧的光芒点亮。它们追随着自我，就像影子追随着物质。自私的欲望去向哪，它们便跟向哪；罪恶出现在哪里，它们便跟到哪里。自我里没有安宁，也没有光明。动荡激情的火焰与欲望之火充斥的地方，看不到智慧与平和影子。

安全与信心，幸福与平静，满意与知足，喜悦与平和——皆是睿智之人持久的财富，通过正当的自我征服、正义的结果以及清白人生的报偿而获得。

正确人生的实质便是教化（知识），而知识的精髓便是平和。在生活问题中战胜自我就是认知现实中生命的本真，而不是其在自我梦魇中呈现的面貌。在人生旅途中处于平和状态，不被生活中常见事件里所蕴含的困扰与悲伤而击倒。

成熟的学者不再质疑或恐惧自己的能力。他已经克服并驱散智力的愚昧。他已习得学问,并了解自己的成就。他之所以了解,是因为以功课与测验的形式经历过无数次的考验之后,他最终成功地通过学术的最严苛考验,证明了自己的能力。现在,当把最严苛的考验应用到证明自己的能力上时,他不再恐惧,而是心生欢喜。他颇具能力、满怀信心、心情愉悦。

正是如此,正义的学者不再困扰于与自己命运相关的疑惑或恐惧之中。他已然克服并驱散心中的愚昧。他习得智慧,并了解自己的成就。他之所以了解,是因为之前会因遭受他人错误行为的考验而失败或跌倒,现在却能在最严苛的指控与责备的考验下保持忍耐与平静。

这是神圣知识的荣耀与胜利,理解行动的本质,无论好坏,实践者不再受苦于他人的恶行。他们对他采取的行动不再导致他的痛苦与悲伤,亦不会剥夺他的安宁。在善良中寻得庇护,邪恶便不会影响或伤害他。他以善良回报邪恶,以善良的力量战胜邪恶的软弱。

陷入恶行中的人幻想着他人强大的恶行会有损于他，痛苦不已、痛不欲生。倒不是因为他自己的恶行（他尚未认识到自己的恶行），而是因为恐惧他人错误的行为。陷入愚昧之中，他不再有精神力量，没有庇护，亦没有持久的安宁。

博学及成功的人，摆脱了自我的痛苦梦魇，因崭新的视野而觉醒，注视着新兴而荣耀的宇宙。他是永恒的预言者，享有完美的爱与无尽的安宁。他远离肮脏的欲望、狭隘的目标，以及自私的爱与憎恶。远离这些，他感知到事物的法定进程，当被必然超越时，亦不再悲伤。他能超越世间的悲伤，不是因为变得冷酷而残忍，而是因为他停驻在爱里，那里自我的思想无法进入，他人的福祉至关重要。他不再悲伤，因为他大公无私。他平静安详，因为他知道，得到的，便是美好的；失去的，亦是美好的。他将悲伤转化为爱，心中充满无尽的亲切与丰盈的慈悲。他的力量不是激烈、野心勃勃与世俗的，而是纯净、平和与神圣的。他拥有潜藏的力量，知道为了他人与世界的美好而如何站立、何时低头。

他是导师,尽管他少言。他是大师,却没有统治他人的欲望。他是征服者,但不试图征服他的同胞。他已然变成宇宙法则的自觉工具,是引导种族进化的明智、开明的力量。

第二章

# 摆脱生活动荡

我们无法改变外在事物，也无法把别人塑造成遂我们心意的人，亦不能按我们的意愿改造这个世界。但是，我们可以改变自己的内心——我们的欲望、激情、思想——我们可以把自己塑造成遂别人心意的人，我们亦可借助智慧改造自己内在的精神世界，并以此与外部世界和解，无论是人还是事物，我们无法避免世界的动荡，但可克服心灵的干扰。我们需关注生活的职责与困难，但我们亦能克服与之相关的所有焦虑。被噪音环绕，我们仍可拥有冷静的头脑；被责任包裹，心灵亦可安定；身处冲突之中，亦可懂得持久的和平。构成本书的这些章节，有些虽在文字上互不相关，但精神上却和谐统一。它们都意在指引读者寻求自我认知与自我征服的高度，使自己免遭世界动荡的影响，抵达神圣静寂的栖息地。

# 纯净的幸福对你来说很难吗？

✛

温暖、幸福的灵魂是经验与智慧结出的成熟之果。

维持安定、温和的气质，思索纯净、柔和的想法，在任何情形下都保有幸福感——此种幸福的状态、此种品格及生活之美应是一切追求之目标。对于未能使自己摆脱卑微、不洁抑或苦恼之人，如仅幻想通过传播一些理论或是神学就能使这个世界变得更美好，那无疑是自我欺骗。那些整日生活在严酷、不洁以及苦恼中的人，亦在日复一日地加剧这个世界的痛楚。相反，那些一贯生活在善意之中、从未远离幸福之人，亦是逐日增加这世界的幸福感，这件幸福感独立于任何可有可无的宗教信仰而存在。

那些从未知悉如何保持温和、给予、爱与幸福之人，尽管读书很多并与《圣经》有过深刻接触，仍然知之甚少。因为正是在变得温和、纯净以及幸福的过程中，他获得深刻、真实并持久的生命体验。在与所有外在的对抗中，坚不可摧的温和品行是克服自我象征、智慧的见证，以及拥有真理的证明。

温暖、幸福的灵魂是经验与智慧结出的成熟之果。它的影响力散发出无形却强烈的芳香，愉悦他人的心灵，净化着这个世界。那些愿意却尚未开始之人，如果意志坚定，渴望甜蜜、幸福的生活，希望拥有真正男子气概或女性气质的尊严，可从今日着手。不要说环境对你不利，环境从不会针对某人，只会助力于他。那些造成你失去头脑的温和与平静的外在事件恰是促进你发展的必要条件，只有遭遇并克服它们，你才能学习、成长并成熟。

纯净的幸福是灵魂舒适并健康的状态，过着纯净、无私生活的人，谁都可能拥有它。

拥有善意，

对所有生灵。

让刻薄、贪婪、愤怒消失，

如此你的生活会变得

像拂面而过的熏风，

柔和又舒适。

　　这对你来说很困难吗？那么不安与不幸会继续纠缠着你。你的信仰、抱负与决心是一切变得轻松的必要条件，使你在不远的将来心想事成，实现幸福。

　　消沉、易怒、焦虑、抱怨、谴责与牢骚，这些皆是思想之弊端、心灵之疾病。它们是精神状态失常的象征。那些遭受如此痛苦的人最好纠正自己的思想与行为。世界上存在着众多罪恶与悲苦，这毋庸置疑，因此才需要爱与慈悲。悲苦就免了吧——这世界已然有太多。对，我们需要的是快乐与幸福，因为它们所存不多。我们所能给予这世界最好的莫过于生活与品格之美。没有它，其他一切皆是徒劳。这是极好的。它持久、真实、不会被颠覆，并包含一切欢乐与幸福。

　　不要悲观地纠缠于周遭的过错；也不要对他人的

过错喋喋不休；重要的是从错误与邪恶中解放自己。
你欲使人真实，自己首先保持真实；你欲从悲苦与罪
恶中解救他人，先解放你自己；你欲使家庭与周遭幸
福，自己先获得幸福。如果你愿转变自己，便可改变
周遭一切。

> 不要哀叹与抱怨……
>
> 别把自己耗在拒绝上，亦不要跟坏人叫板，
>
> 但请歌颂善良与美好。

# 不朽之人

❖

> 不朽与时间无关，永远不能在时间中发现它。它归属永恒；正如时间无时无刻不存在一般，永恒亦时刻存在。

不朽就在此时此地，并不是坟墓之外的推测物。它是一种清醒的意识状态，在这里，身体的感觉、心灵的变化及生活的环境皆一闪而过，因此亦为虚幻之物。

不朽与时间无关，永远不能在时间中发现它。它归属永恒；正如时间无时无刻不存在一般，永恒亦时刻存在。如果人类愿意战胜自我，将自己的生活从不尽如人意与转瞬即逝的时间之物中抽离，便可发现那种永恒。

当人日复一日地沉浸在感觉、欲望，以及过往的回忆之中，并把它们视作自我的本性，他便对不朽一无所知。他们心中的不朽，不过是持久化，亦即时间中连串的感觉与事件。他受世俗之物奴役已久，并认为与其生命不可分割。

持久化是不朽的对立面，沉溺于此，精神即告死亡。它的本质即是变化、无常。这是一种不间断的生存与死亡。肉体的死亡永远不能让人不朽。

人生由不断行进的事件队列组成。凡人陷入该队列之中，并被此裹挟前进。因此，他不知身前身后之事。不朽之人跳出该队列，镇定地站立一旁观察，他看透了被称为"人生"的事前、事中与事后。他再不以人格的感觉与波动或组成生活的外在变化定义自己，他已成为自己命运、人类与国家命运的冷静观察者。

凡人亦是陷入梦境之人。他既不知自己是否已然醒来，亦不知自己能否再次清醒。他只是做梦，无知无识。不朽之人则已从梦中清醒，深知所梦并非持久之境，仅是短暂之幻象。他学识丰富，用两种状态的知识——关于持久化、关于不朽——武装着自己。

凡人生活的时间或意识世界有始有终；不朽之人生活的意识宇宙无始无终，是一个永恒的存在。外界千变万化，他仍泰然自若、坚定不移。肉体的死亡决计不会中断他所坚守的永恒意识。有人说："他终将品尝不到死亡的滋味。"因为他已跨出死亡的溪流，为自己在真理中建造了住所。肉体、人格、国家、世界皆会消逝，但真理永存，其荣耀并不因时间流逝而黯淡。不朽之人战胜自我；他不以人格的利己之力定义自己，而是训练自己，高超地掌控该力量，并使之与世间万物的因果能量和谐共处。

对于不朽的人而言，生活的焦躁与狂热已终了，疑惑与恐惧被流放。他通过调整心灵与思想并达到一种永恒或安定之境，使真理葆有永不褪色之光彩，死神便追不上他。

# 战胜自我与自我毁灭

✤

战胜自我并不意味着剥夺欢乐、幸福与乐趣，而是指生活在这乐趣横生的特质里仍能恒久拥有这些东西。

提到"战胜自我""欲望杜绝""人格毁灭"，很多人会产生模糊甚至错误的观念。他们（尤其那些唯理论的知识分子）将此认作脱离生活与行为的玄学。另一些人总结它为生活、能量与行动的碎片，以及对停滞与死亡理想化的尝试。这些错误与困惑，产生于个体头脑中，亦仅能依个体之力而移除。但是如果尝试换一种方式来观察，也许能让该移除变得稍许简单一点。

自我毁灭包括淘汰和摧毁灵魂中一切指向分歧、冲突、苦难、疾病与悲伤的要素。它并不意味着毁灭生活中的任何美好、善良与平和。例如，一个易怒的人，尽力克服自私倾向，摒弃它，依照耐心与爱的精神行动，在战胜自我的那一刻，他即实践了自我毁灭。在某种程度上，每个高尚的人都在实践它，尽管有时会在言语上否认它。那些完成该实践并消除一切自私倾向，仅留下神圣美好特质的人，即消灭了个性（所有个人要素）并抵达真理。被毁灭的自我由以下十个毫无价值并滋生悲伤的要素构成：

- 欲望
- 怨恨
- 贪婪
- 自我放纵
- 利己
- 虚荣
- 骄傲
- 疑惑
- 黑暗信条
- 妄想

要彻底抛弃、完全毁灭这十个要素，因为它们构成了欲望的主体。另外，它培养、实践并保存以下十个美好特质：

- ·纯净
- ·耐心
- ·谦逊
- ·自我牺牲
- ·自力更生
- ·无畏
- ·知识
- ·智慧
- ·慈悲
- ·爱

这些构成了真理的主体，真正完全生活于其中的人就是真理的实干者及认知者，是真理的化身。这十种要素的组合可称为完美人格，十种特质的组合创造了真理。

由此可见，所要毁灭的并不是任何高尚、真实以及持久的特质，而是那些卑贱、虚假以及短暂易逝的东西。战胜自我并不意味着剥夺欢乐、幸福与乐趣，而是为了生活在这乐趣横生的特质里仍能恒久拥有这些东西。它是指放弃享乐的欲望，但并不放弃享乐本身；破坏对快乐的渴望，但并不破坏快乐本身；消灭对爱、权力以及财产的向往。正是对这些东西的维护使人类能团结、和谐地凝聚在一起。另外，它并非理想化停滞与死亡，而是敦促人类践行这些特质，以实现极其高尚、极富效率且持久的行动。那些从部分或全部十个俗世要素出发而付诸行动的人，在否认中浪费了大量精力，并未好好葆有灵魂；但那些从部分或全部十个特质出发而付诸行动的人，真诚而明智地行动，因此保护了他们的灵魂。

那些很大程度上生活在十个俗世要素中的人，那些对真理视而不见、充耳不闻之人，不会发现自我屈从信条的吸引力，因为呈现在他们眼前的不过是自我的彻底毁灭。但那些竭力生活在十个神圣特质中的

人，会懂得该信条的荣耀与美好，并将此认作永恒生
命的基础。他们还知道如果人类能了解并践行它，那
么工业、商业、政府以及一切世俗行动都将被净化。
行动、目标与才智，非但不会被毁灭，反倒会增强及
扩展，并远离冲突与苦痛。

# 你被诱惑，是因为执念于
# 体内的动物性

✣

　　诚实之人不因诱惑而去盗窃，不论时机
多么合适；食欲净化之人不因诱惑而暴食、
酗酒，尽管食物美味、酒香甘醇；思想开悟
之人，因内在美德的力量而心生平静，不会
经诱惑而愤怒、烦躁或报复。

　　灵魂，在通向完美的旅途中，会历经三个独特的
阶段。第一个是动物阶段，该阶段人类仅满足于生存
及感官愉悦，未有罪恶或高尚的认识，总而言之，未
能发觉自身的精神可能性。

　　第二个是双级阶段。在该阶段，心灵持续在动物

本能与自我约束之间摇摆，开始对双方都有觉醒的意识。正是在这个阶段诱惑逐渐在灵魂进程中发挥作用。这是一个持续斗争、反反复复、犯罪与忏悔的阶段。人类仍热爱、舍不得离开长久生活当中的满足感，却依然渴求精神状态的纯净与卓越，被持续禁锢在举棋不定之间。

受自身的神圣生活所驱使，该阶段最终演变成人类的深度苦闷与苦痛阶段，紧接着灵魂便进入到第三个阶段：知识阶段。在这个阶段，人类超越罪恶与诱惑，进入安宁的状态。

正如大多数人所料想的那样，诱惑，与罪恶的满足感相似，并非一个持久状态。它是一段过渡时期，是灵魂必经的一段体验。但人类能否在现世生活中度过这个状态，实现当下的神圣与安宁，完全取决于人类的智力与精神力量，以及他追求真理的激情与狂热度。

诱惑，及伴其左右的折磨痛苦，皆可被击败，但仅会被知识击败。彻底觉悟的灵魂能抵御一切诱惑。一个人充分理解了诱惑的源头、本质及其意义，终将会战胜它并从漫长的劳作中获得休憩。但如果其继续愚昧，迷信宗教仪式、大量的祈祷和经文诵读，这并不会赐他平安。

人欲外出征服敌人，若对敌人的兵力、战术及伏击地一无所知，不仅会打不光彩的败仗，且会迅速落入敌军之手。人欲击败诱惑者这个敌人，必先发现敌方之要塞据点及隐藏地，还需找出我方防守之软肋，以免遭敌方攻击。这需要持续的沉思、无止的警觉性，以及恒定、严格的内省。

人若征服无果，战期被无限拉长，只因两种错觉，几无例外。一是所有诱惑皆来源于外界；二是他们皆因善良而被诱惑。如果人类被这两种错觉所束缚，将毫无长进。只有甩掉它们，他们才能迅速地从胜利走向胜利，并品尝到精神之喜悦与安宁。

这两种错觉应该被两种真理寻求取代。一、所有的诱惑皆源于内在；二、人之所以被诱惑是因为内心的邪恶。必须消除上帝、魔鬼、恶灵或外在事物是诱惑源头的观念。一切诱惑的源头皆是内心的欲望；欲望被净化或清除后，外在事物和外来力量再也无力将灵魂拖至罪恶或诱惑里。外在事物仅是诱惑的托词，绝不是原因。如果原因存在于物体之中，所有人都将被诱惑，诱惑再不会被击败，人类将无可救药地陷入无休止的痛苦之中。包裹在自身欲望中的人，手中亦握有补救的良药，通过净化这些欲望来战胜一切诱惑。

人之善良在于能抵制诱惑。善良可以摧毁诱惑。人类净化心灵时，诱惑停息，因为当特定的非道德欲望从内心移除后，原先所具吸引力的物体效力顿失。诚实之人不因诱惑而去盗窃，不论时机多么合适；食欲净化之人不因诱惑而暴食、酗酒，尽管食物美味、酒香甘醇；思想开悟之人，因内在美德的力量而心生平静，不会经诱惑而愤怒、烦躁或报复。对于一颗净化的心灵，肆意妄为的吸引力不过如浮光一般了无意义。

人类，孜孜寻求真理吧。他们应认识到如果易受诱惑支配，便仍未悟懂真理，仍有待学习。

被诱惑之人明白，诱惑源于自身。使徒雅各说："人受自己私欲牵引，便易受诱惑。"你被诱惑是因为你执念于体内的动物性，不愿放手；因为你活在虚假的自我里，缺乏真正的知识，一无所知，无所他求，只求即时满足，无视任何真理和神圣法则。执着于那个自我，你将无休无止地承受三种折磨带来的痛苦：欲望的折磨、饱食的折磨以及懊悔的折磨。

> 特里斯纳之焰，欲望、渴求他物，
>
> 热切的，汝依附着阴影，溺爱着梦想；
>
> 汝等之间一个虚假的自我，
>
> 让这周围的世界，
>
> 对高度视而不见，充耳不闻；
>
> 呼吸掠过因陀罗天空甜美空气的声音，
>
> 无言以对真实生活的召唤，
>
> 而将其错置，
>
> 冲突与欲望生长，让地球陷入战争，
>
> 为被蒙骗的心与流淌的眼泪悲泣；
>
> 击败激情、妒忌、愤怒与厌恶；
>
> 狂野的红色脚步，
>
> 追逐着血迹之年。

那个虚假的自我里有全部痛苦的根源、荒芜的希望以及所有悲伤的实质。当你准备放弃，当你情愿将所有的自私、不洁、愚昧暴露在自己面前，最大限度地坦诚其阴暗面，你将进入自我认知与自我掌控的生活。你终会认识内在之上帝及神性，不再仅求满足感。你会停留在一个永乐安宁之地，这里屏蔽所有的折磨痛苦，诱惑亦无立足之地。立身于内在的神性中，日复一日，历久弥坚。有朝一日，时机终将来临，你便可对百万人崇拜、少数人理解、更少人追随的他说："世界的掌权者来了，但却对我毫无作用。"

# 正直之人所向披靡

❖

　　诽谤者、背后中伤他人者以及行事错误之人也许会取得一时的成功，但正义之法终将取胜；正直之人看似会有一时的失意，但他终将所向披靡。

　　人的一生中都有几次机会遭遇道德法则的极致考验。能否走出严峻考验的方式取决于他是否具备足够的力量作为真理的化身，加入到自由的队伍；抑或继续做奴隶，臣服于残暴的主人——自我。

　　这种考验通常都假定诱惑的形式，是行事错误，继续保持舒适与繁荣，还是坚守正义，接受贫穷与失败。考验力道之强，对被诱惑者而言，呈现在他面前的仿佛是，如果他选择了错误，他的物质成功在余生中都将得到保障，但如果行事正确，他则会被永久毁灭。

通常来说，人类一旦让步并屈从于这一可怕前景，正义之路看似会对他敞开双臂，但是他应证明自己有强大的力量抵御诱惑的攻击。紧接着，内在诱惑者——自我精神便会设想自己捕获了光之天使，并低语道："想想你的老婆孩子、想想那些依赖你的人，你愿让他们陷入耻辱与饥饿吗？"

确实，坚强并纯粹的人能从这场考验中获得胜利。能这样做的人，会立即进入一个更高的生活境界，在这里他睁开灵性的眼睛以看清生命中的美好；紧接着贫穷与磨难便会接踵而至，但更恒久的成功、平和的心境，以及谦逊的良知也将抵达。失败者收获不到所应许的成功，心灵无处安息、良知不得安宁。

行事正确之人最终不会失败，行事错误之人最终无法成功，因为

　　　　　这即是通往正义的定律，
　　　　　无人最终能避开或逗留。

正义存在于万物的中心——因为伟大法则是公正的，正直之人不屈服于恐惧、失败、贫穷、羞愧和耻辱。诗人进一步解释该定律：

> 它的爱之心，终点即是
> 安宁以及圆满的甜蜜。

那些惧怕失去现世快乐及物质享受、否定真理存在的人，会遭到伤害、掠夺、贬低和蹂躏，因为他之前伤害、掠夺、贬低并蹂躏过曾高尚的自我；拥有坚定美德、清白正直之人，不会遭遇这些情况，因为他已否定怯懦的自我，从真理中获得庇护。

诽谤、指控与怨恨并不会影响正直之人，亦不会从他那里得到任何激烈回应，他亦无须四处奔走捍卫自己，以证实自己的清白。对于那些试图攻击他的仇恨，清白及正直本身即是最充分的回应。他不会屈从于黑暗的力量，他将一切邪恶转变为美好——从黑暗中带来光明、从仇恨中提取爱、从耻辱中创造荣誉。诽谤、妒忌、歪曲只会使自身真理的宝石更加明亮，为他崇高及神圣的命运增辉。

遭受严重考验时，让正直之人欢喜快乐；有机会证明自己对所信奉崇高信念的忠诚，让他心怀感激；让他思考："此刻是神圣机会的时刻！此刻是真理的胜利日！尽管我已失去全世界，我并没有抛弃正义！"如此一想，他将会以德报怨，对行事错误者施以同情。

诽谤者、背后中伤他人者以及行事错误之人也许会取得一时的成功，但正义之法终将取胜；正直之人看似会有一时的失意，但他终将所向披靡。所有的世界，有形或无形，都锻造不出一件能击败他的武器。

# 如何习得鉴别力

✤

　　那些理性、沉思之人习得鉴别力；具有
鉴别力之人会发现永恒的真理。

　　精神进化所必需的一件特质即为鉴别力。

　　在打开鉴别力之眼以前，个人的精神进步是痛苦
缓慢、飘忽不定的。因为如果不具备该测试、验证及
搜索的特质，他便只能在黑暗中摸索，辨别不清真实
与虚幻、虚影与物质，混淆虚假与真实，将体内动物
本性的刺激误认为真理的圣灵。

　　独自待在陌生环境的盲人只能在黑暗中摸索前行，
跌倒与淤伤在所难免。缺乏鉴别力的人，精神是麻木
的，他困惑自己无法辨别邪恶与美德，混淆事实与真
理、观点与原则。在他的眼里，观念、事件、人、物

都好似毫不相关。人的心灵与生活应摆脱困惑。他应时刻准备好去面对每一次心灵、物质和精神困境，避免自己（和多数人一样）陷于怀疑、优柔寡断、反复无常的泥淖，随之而来的即是麻烦与厄运。他应加强对每一个紧急情况的防范。但没有鉴别力，就绝不会获取如此精神准备与力量。只有不断地运用与锻炼分析能力，鉴别力才能长足进步。

头脑，与肌肉一样，需经不断运用才能发育。往特定的方向训练心智，你就会在那个方向收获精神能力与力量。通过不断地比较与分析他人的观念与观点，批判力得以开发与增强。但相比批判力，鉴别力要求更多、范围更广。它是一种精神特质，能消除常与批判结伴的残酷与自负。借其之力，人类看到了事物原本的样子。

作为一种精神特质，鉴别力只能通过询问、审查，以及分析自己的观念、观点与行为才得以开发。应避免严酷地将批判和纠错能力应用在他人的观点与行为上。人应时刻准备好审视自己的每一个观点、想法，以及行为准则。只有这样，鉴别力才能得以磨砺成长。

在人类有能力践行这种心灵练习之前，他应首先具有受教精神。这并不意味着任由他人指挥，而是指他应准备好放弃自己所墨守的任何思想——如果该思想并不具备理性的洞察之光，如果该思想在追求志向的纯粹火焰前枯萎。那些嘴里叫喊着"我是正确的"并拒绝审视自己的立场以确定自己是否正确之人，只能继续追随自己的激情与偏见，永远无法习得鉴别力。那些谦逊地询问"我是否正确"，并用真理检验和证实自己立场的人，终会拥有宝贵的鉴别力。

在认知真理的纯粹法则、接收一览无余的真理之光之前，人必须真诚待己、无所畏惧。探讨真理的次数愈多，其光芒便愈加耀眼。

"验证一切"是为了发现美好、抛弃邪恶。那些理性、沉思之人习得鉴别力；具有鉴别力之人会发现永恒的真理。

困惑、苦楚，以及精神阴暗追随着思虑不周之人。

和谐、幸福，以及真理之光奉养着深思熟虑之人。

# 信仰——行动的基础

✣

信奉真理者放弃了自我——亦即，他
拒绝将生活集中于那些只渴望自我满足的激
情、欲望与特性上。

在智者的教义里，信仰是不可或缺的一个词，它
在所有宗教中也都占据着重要地位。据耶稣所言，特
定的信仰对拯救与重生必不可少；佛祖也曾明确地告
诉我们正确的信仰是真理之路的第一步，也是最关键
的一步，因为没有正确的信仰，就不会有正当的行为。
那些不懂如何正确支配及引导自己之人，尚未掌握真
理的入门知识。信仰与行为是密不可分的，因为一方
决定着另一方。

信仰是一切行动的基础，既然如此，生命中便会

显现支配心灵与精神的信仰。所有人都严格依仗植根于内心最深处的信仰来完成行动、思考与生活，这就是思想支配法则的本质，任何人都无法同时信奉两种对立的信仰。例如无法同时信仰正义与不义、仇恨与爱、和平与冲突、自我与真理，任何人所信奉的都只是两种对立面中的一种，非此即彼。人类的日常行为彰显其信仰的本质。相信正义并将其视为永恒、坚不可摧的法则之人，不会因义愤而怒发冲冠，亦不会因生命中的不公而愤世嫉俗、悲观厌世，在经历所有考验与困难之后仍镇定自若。他不会另有行动，因为他坚信正义必胜，所有的不公都只是镜花水月、转瞬即逝。

那些因同伴的不公而愤怒填胸、时常诉说自己遭受虐待或哀悼周边世界缺乏正义之人，他的行为与思想态度都能展示出其对非正义的信仰。尽管他可能提出相反的异议，但内心深处仍坚信，困惑与混乱在宇宙中占主导地位，其结果就是生活在痛苦与不安之中，做着错误的事情。

另外，那些坚信爱，坚信其稳定与力量的人，会风雨无阻地践行它，从不背离它，将其像赠予朋友那样赠予敌人。那些诽谤、谴责、言语轻浮或蔑视他人、不相信爱却相信仇恨者，纵然他会口头上赞歌如潮，但行动亦会出卖其立场。

和平的信徒以其和平行为而闻名。他不会卷入斗争之中，受到攻击后亦不会打击报复，因为他看到了和平天使的权威，绝不会致敬冲突的恶魔。冲突煽动者、争吵爱好者、对任何挑衅的自卫者，皆信仰冲突，与和平无干。

另外，信奉真理者放弃了自我——亦即，他拒绝将生活集中于那些只渴望自我满足的激情、欲望与特性上。通过这种放弃，他开始坚定不移地信奉真理，过上智慧、美好与无悔的生活。信奉自我者被日常的放纵、满足感及虚荣所累，不断遭受失望、悲伤与屈辱之苦。

真理信奉者不会受苦，因为他已放弃自我，而自我恰是一切痛苦的起因。

通过上文所述可知：每个人所信奉的要么是恒久的法则，指引人类的生活走向法治与和谐，要么是该法则的对立面，结局便是自己生活与事业的混乱不堪。

怀有正确的信仰，便有无悔、完美的生活；错误信仰存在的地方，便会有罪恶与悲伤。心灵与生活被不恰当地支配，苦难与不安随行。"凭着它们的果子，就可以认出它们来。"

经过严格、公正的分析后，你会发现信仰是人类一切行为之根源。所有的想法、行动及习惯都是某个特定信仰的直接产物，只有改变其信仰，才能改变其行为模式。我们信仰自己的坚持，我们信仰自己的实践。当我们对某物的信仰终了，便不会再坚持及实践它，它就会像一件破衣服一般被我们弃之不顾。人若执念于自己的欲望、谎言及虚荣，是因为相信它们，相信能从它们之中受益、获得幸福。如果他们转而去信仰纯洁与谦逊的神圣特质，这些罪恶便不再困扰他们。

人类因信仰至高之真理而拯救自己于错误，因信仰神圣与完美而拯救自己于罪恶，因信仰良善而拯救自己于邪恶，因为每种信仰都会在生活中彰显。有必要质询的是："人应如何生活？""条件艰苦时如何行事？"这些问题的答案会显示其信仰的究竟是邪恶还是善良的力量。

信仰善良的力量之人，会过上美好、灵性及虔诚的生活，他会很快将所信仰的一切罪恶与悲伤丢弃，转而坚定、毫不动摇地信仰至高之善良。

# 信仰拯救

✣

> 头脑或智力信仰，不是根本或成因，而
> 是表面与结果，它无法塑造个人之性格，最
> 肤浅的观察者都能轻易看清这点。

据说人的一生与品格皆是其信仰的产物，亦有人说信仰与其人生毫不相关。这两种表述都正确。两种表述的混乱与对立显而易见。当了解到有两种截然不同的信仰，即头脑信仰与心灵信仰，该混乱与对立也就消失了。

头脑或智力信仰，不是根本或成因，而是表面与结果，它无法塑造个人之性格，最肤浅的观察者都能轻易看清这点。以信仰某一教义的六人为例。他们不仅具有同一神学信仰，而且秉承同样的信念，但他们

的品德和性格却截然不同。一个是高尚的人，另一个却是卑鄙的；一个温文尔雅，另一个粗俗暴躁；一个诚实守信，另一个欺瞒虚伪；一个沉溺于某种习惯，另一个却严格弃绝该习惯，等等。这些都清楚地表明神学信仰并非人类生命中的影响因素。

个人的神学信仰不过是其对宇宙、上帝、《圣经》等的知识观点及看法。在其头脑信念的背后，深深植根于内心深处的，是隐藏的、寂静的、秘密的心灵信仰。正是这种信仰塑造和组成了他的全部生活。那六个具有同一神学信仰、行为却极富差异之人——关键的心灵信仰却千差万别。

那么，心灵信仰是什么呢？

它是一个人的灵魂里热爱、坚持并培育的。他之所以在心灵之中热爱、坚持并培育它们，是因为对其的信仰；只有信仰并热爱它们，他才会付诸实践。一个人执念于不洁及邪恶之物是因为信仰它们；他人对该物没有执念是因为不再信仰它们。没有信仰，人便不会执念于某物；信仰总是先于行动产生，因此人的行为与生活便是其信仰的果实。

严格意义上说，深刻影响生活的信仰只有两种，它们就是：信仰善良与信仰邪恶。

那些信仰一切美好事物的人，会热爱它们，并生活其间；那些信仰一切不洁及自私的人，会酷爱并执念于它们。观其言行，知其为人。

一个人对上帝、基督及《圣经》的信仰是一方面；与其行动息息相关的人生是另一方面。因此，人的神学信仰无足轻重，但其所怀之思想、对他人的观点，以及他的行动，这些——也仅有这些，决定并彰显其心灵之信仰到底是置于正确还是错误之中。

# 纯净的思想才会结出文雅的
# 行为之果

✥

当认清一切罪恶与诱惑皆是个人思想的
必然结果，那么克服这种罪恶与诱惑便毫不
费力。

正如果实之于树木，水之于春天，行动之于思想
亦是如此。它不会突然并毫无缘由地出现。它是一个
长期、寂静成长的结果，一个隐秘的、长久积聚力量
的过程。教化的美好行动和罪恶的阴暗行为皆是心中
长期所怀思想的结果。

当一个人受到极大诱惑时，尽管他相信自己能站
稳立场，但仍有可能突然堕落至严重罪恶中。当导致

其堕落的隐秘思想被揭露，其堕落就会被视作既不是突发的亦不是毫无因由的。该堕落只不过是一种结果、一种后果、一个抑或多年前即已在头脑中露出端倪的最终结果。他容许错误的思想进入他的头脑，一次又一次地欢迎它，并允许其在心灵筑巢。他逐渐习惯它，开始珍惜、爱抚并照料它。这些错误的思想慢慢生长，最终获得如此力量与魄力，从而抓住了让自己爆发、成熟并付诸行动的机会。千里之堤，毁于蚁穴。同理，那些允许腐化思想潜入他的头脑并暗中败坏其品格的人，尽管其身强体壮，亦终将堕落。

当认清一切罪恶与诱惑皆是个人思想的必然结果，那么克服这种罪恶与诱惑便毫不费力。其成就也会从接近可能性，或迟或早，变为特定的现实。因为如果一个人承认、珍惜并对纯净、美好的思想念念不忘，那么该思想，会像那些不洁思想一样，将慢慢成长并积聚力量，最终会抓住让自己成熟并付诸行动的机会。

一切头脑所怀之思想，由于宇宙中固有的推动力，都会依其本性结出或好或坏的果实。神圣导师与好色之徒皆是其自我思想的产物。你要成为何种人，全凭你自己种植的思想之籽，落入心灵花园之后，按何种方向灌溉、照料并培育。

不要使人认为，他通过与机会搏斗就可以克服罪恶与诱惑，只有通过净化思想才能克服它们。如果他愿意日复一日地在灵魂的静默中、在责任的履行中，全力以赴地克服一切错误倾向，并将真实与恒久的思想落实到位，那么作恶的机会便会让步于行善，因为人只吸引与其本性和谐一致的机会。如果内心中没有与此呼应的诱惑，那么人便不会被此诱惑吸引。

读者们，好好守卫您的思想，因为您目前的隐秘思想，或美好或邪恶，迟早都会变成实际行动。那些孜孜不倦地守卫着自己的心灵门户以防止罪恶思想的侵入，使自己被友爱、纯净、坚强，以及美好的思想占据的人，当成熟的季节来临，便会结出高尚、神圣的行为之果。任何对他不利的诱惑都会在他面前丢盔弃甲。

# 你是自己人生的创造者

✥

你是自己思想的思考者，如此你便是自己人生及际遇的创造者。

作为思想的存在，占主导地位的精神状态决定你的人生际遇。它亦是对知识的估量和成就的权衡。所谓本性、禀性不过是你思想的边界线，它们是你自建的藩篱，可拉窄、可拓宽，亦可存留。

你是自己思想的思考者，如此你便是自己人生及际遇的创造者。思想具有因果及创意性，以成果的形式显现在你的品格与生命之中。人生没有偶然。所有和谐与对抗皆是思想的回声。我思故我在。

如果主导的精神状态是安宁、有爱的，福气与幸福定会追随你。如果它是抵抗、可恶的，麻烦与不幸便会笼罩你的征途。出于敌意，悲伤与灾难会不请自来；出于善意，疗愈与修复便接踵而至。

你认为自己独立于所处环境，其实它们与你的思想世界紧密相连。没有适当的缘由，什么都不会出现。每件事发生即合理。没有命中注定，一切皆为塑造。

你思考，所以你思想丰富；你有爱，所以你具有吸引力。你今日所处，皆为你思想带你而至；你明日所达，亦为你思想之作用。你无法逃离自己思想的成果，但你可忍耐与学习，接受并快乐着。

你总会抵达一个你的爱（最持久、强烈的思想）能接受其满足感的地方。如果你的爱是卑劣的，你会抵达一个卑劣的地方；如果你的爱是美好的，你会抵达一个美好的地方。你可改变思想，由此改变你的际遇。努力去感受你责任的宏大与庄严吧。你强而有力，而非有心无力；你有力顺从，亦有力反抗；你可以是纯净的，亦可是肮脏的；你可葆智慧，亦可粗浅无知；你可选择想学什么就去学，亦可选择保持愚昧。你若热爱知识，就会习得它；你若热爱智慧，便会保护它；你若热爱纯净，便会实现它。所有一切都在等待你的接受，你可依自己的意愿而做出抉择。

人若保持愚昧，是因为他热爱愚昧并选择愚昧的思想。人若变得睿智，是因为他热爱智慧并选择明智的思想。人不受他人阻碍，只有自己能阻碍自己。人亦不因他人而受苦，痛苦皆是自己造成的。通过纯净思想的高尚之门，你便会进入最高天堂；通过不洁思想的卑鄙之门，你会坠入无尽的地狱。

对他人的态度会忠实地反映在自己身上，并在你生活的方方面面彰显。你所发出的一切不洁及自私的思想，最终都会以某种痛苦的形式回归到你的生活，同样，所有纯净及无私的思想都会以某种幸福的形式回归于你。你的境况是内在与无形的原因造成的结果。你是自己思想的设计者，亦是自己状态与际遇的制造者。当了解自己之后，你便会认识到生命中的所有事件都被完美的法则衡量着。当了解心灵之法则，你便不再认为自己是一件软弱、盲目的工具，而会变成坚强、全知的掌控者。

# 你播种什么便会收获什么

✠

一个人播种了错误的思想与行为，却祈求上帝保佑他，就会像一位播种了野豌豆却祈求上帝让其收获小麦的农民一样。

春天漫步在田野及乡间小路，你将看到农民与园丁正忙着在新翻的土地上播种。你若问任何一位农民或园丁，期待从自己播种的种子里收获什么，他们无疑会认为你是笨蛋一个，并告诉你他们无任何"期待"。播种什么便会收获什么，这是常识。播种小麦、大麦或白萝卜，正是为了收获小麦、大麦或白萝卜。

对智者来说，大自然的每个事实与过程皆包含一定的道德教训。大自然的所有法则，与人类的心灵和生活一样，以同样的确定性运行着。心灵与生命的播种皆需一个过程。根据所播之种子，得到相应之收获。思想、言语与行为皆是播种的种子，根据万物不可违背之法则，它们只会长出相应的果实。

常怀仇恨思想之人只会给自己带来仇恨。常怀爱心之人，自会被人疼爱。一个人，若其思想、言语、行为是真诚的，自有诚挚的朋友围绕其身边；人若虚情假意，身边的伙伴也是虚伪的。一个人播种了错误的思想与行为，却祈求上帝保佑他，就会像一位播种了野豌豆却祈求上帝让其收获小麦的农民一样。

> 播种什么，便收获什么，
> 看远处的田野，芝麻是芝麻，
> 玉米是玉米；
> 寂静与黑暗知晓，
> 人的命运这般诞生，
> 他撒播什么，便收割什么。

人若想获得庇佑，请先播撒祝福。人欲生活幸福，请先考虑他人之幸福。

播种还有另一面。农民必须把所有种子撒播到土地上，然后将其交给自然。如若贪婪地将种子贮藏，他失去的不光是种子还有其果实，因为种子会腐烂。播种之日便是种子开始腐烂之时，但正是从腐烂之中得到满满的收获。因此在生活中，给予便是得到；播撒才能变得富足。那些声称拥有知识却不愿播撒，并认为这世界无力接受其知识之人，要么并未拥有该知识，要么是拥有该知识，但却认为会就此失去——如果他还未准备好就此失去。贮藏即为失去，完全保留即为损失。

那些渴望增加物质财富的人，都意愿与其部分资金分离（投资），等待财富的增长。要是他一直悭吝这笔钱财，他不仅无法增殖财富，还会日渐贫困。最终，他会失去所爱之物，未及增长便已失去。但如果他明智地选择放手，像农民那样撒播下金种子，便可合理地期待收益的增长。

人类向上帝祈求和平与纯净、正义与幸福，却未获得这些东西，为什么呢？因为他们并没有践行它们，亦未播种它们。我曾经听说一位牧师虔诚地祈求宽恕，没过多久，在他的一次布道过程中，他号召会众"不要对教会的敌人施以怜悯"。这种自我欺骗是可怜的。人类尚未知悉，获得和平与幸福的途径正是通过撒播和平与幸福的思想、言语与行为。

人类相信：他们可以播种冲突、不洁、非友爱之种子，仅凭祈求便可获得和平、纯净与和谐的巨大丰收。没有什么是比看到一个脾气暴躁、喜好争吵的人祈祷和平更可悲的景象。播种什么，便会收获什么，任何人都终将收获幸福，只要他愿意撇开自私，广播善良、仁慈与爱之籽。

一个人如果麻烦不断、迷茫困惑、悲伤不已、生活不幸，请他扪心自问：

"我曾播撒什么精神种子？"

"我正播撒什么种子？"

"我对他人做过什么？"

"我对他人是什么态度？"

"我曾播种什么样的麻烦、悲伤与不幸之籽，落得收割这些苦草？"

让他探索内心去寻找、发现，让他抛弃所有的自我之籽，从今以后，仅播种真理之籽。

让他向农民学习这些简单的智慧真理吧！

# 法则即是爱的统治

✣

真理之子确实存在。他们思考、行动、书写、演说；先知亦存在我们之中，他们的影响遍及全世界。

遵循伟大的法则，并不是为了一己幸福与满足，而是为了寻求知识、理解、智慧、从自我束缚中解脱。他们不再徒劳地追求这种转变，亦不再驱逐空虚与懊恼。他们从内心深处找寻法治，一切思想、冲动、行为与言语皆带来严格遵从其本性的结果。爱促成美好、幸福，恨造成扭曲、痛苦。善与恶的思想与行为皆在最高法则的完美平衡中衡量，一方面收获同等的幸福，另一方面遭受痛苦。接着便会发现已进入到一段新的旅程，对法治的遵从之旅。踏上那段征途之后，他们

不再谴责、不再疑惑，亦不再焦虑与沮丧，因为他们
知道客观规律是正确的、宇宙是正确的，而自己却是
错误的。如果错误确实存在，那么自我拯救则需依赖自
己、依赖自己的努力以及自己对善的接受和对恶的刻意
排斥。他们不再仅是倾听者，而是言语的实践者。他们
获取知识，收获理解，在智慧中成长，从自我束缚走向
自由的辉煌生活。

真理之知识，和它难以言喻之喜悦、沉着和宁静
之力量，并不是为了那些坚持自己对"正确"的执念、
对"利益"的守卫以及为"观点"抗争的人；他们的
灵魂中充满"自我"，在流沙之地构建自私与自我。而
是为了那些抛弃冲突的缘由、抛弃痛苦与悲伤的源头之
人，他们确是真理之子。

真理之子确实存在。他们思考、行动、书写、演
说；先知亦存在我们之中，他们的影响遍及全世界。
潜在的神圣喜悦正在积聚力量，世间的男男女女都在
追求新的抱负与希望，甚至那些既看不到也听不到之
人，亦在内心深处感受着对更好、更充实生活的奇特
渴望。

　　法则支配着人的心灵与生活。人不该破坏法则，否则骚乱便接踵而至。人必须遵从法则，这与和谐、秩序、公正相符合。

　　再没有比任由自己嗜好摆布更痛苦的束缚，亦没有比极度遵从法则更大的自由。这种法则即是心灵得到净化、头脑得以重生、自我顺从于爱，直至自我消亡，因为法则即是爱的统治。爱等待所有，不拒任何。爱可被认领、可及现在，它是整个人类的遗产。

　　啊，美好的真理啊！人类现在也许会接受它的神圣遗产，抵达天国。

　　啊，可悲的失误啊！人类拒绝它是因为对自我的爱！

　　遵从法则意味着对罪恶与自我的毁灭，实现纯洁的喜悦与恒久的和平。

　　执念于自己的自私嗜好，意味着为灵魂吸引痛苦与悲伤的阴云，无异于将真正的幸福拒之门外。

　　诚然，法则统治一切，直至永远，公正与爱是其永久的仆人。

# 正义与爱本为一体

✥

　　宇宙中难道没有非正义吗？有非正义，
亦有正义。这取决于你所选择的生活及意识
形态，人类据此观察世界并作出判断。


　　物质宇宙依其力量的均衡而得以维护并保持。

　　道德世界依其等价物的完美平衡而维持并守护。

　　正如在实体世界中大自然憎恶空虚，精神世界里
废除龃龉。

　　大自然潜在干扰与破坏之中、其形式的无常易变
背后，逗留着永久与完美的数学对称；在生命的中心，
所有的痛苦、迟疑、动荡背后，逗留着永恒的和谐、
完整的和平以及不可侵犯之正义。

　　宇宙中难道没有非正义吗？有非正义，亦有正义。

这取决于你所选择的生活及意识形态，人类据此观察世界并作出判断。只沉浸在自己激情中的人处处可见非正义；那些战胜了自己激情的人，在人生的各个阶段都能感受正义的运行。非正义是混乱、狂热激情的幻象，做梦之人认为其真切存在。正义是生命中永久的现实，对那些从痛苦的梦魇中醒来的人来说随即可见。

只有超越激情与自我才能感知神圣秩序；只有在兼收并蓄的爱的纯净火焰中毁灭一切伤痛与错误，才能领悟完美的正义。

总想着"我曾被轻视，我曾受伤害，我曾遭侮辱，我曾遭不公对待"，这样的人无法理解正义是什么。被自我蒙蔽，便感知不到真理原则的纯净；对自己的失误耿耿于怀，便生活在持续的悲戚之中。

在激情的领地内存在着无休无止的力量冲突，给所有卷入其间的人造成痛苦。那里有行动与反抗、行为与后果、原因与结果。

激情世界是分裂、争吵、战争、法律诉讼、控告、谴责、不洁、软弱、愚蠢、仇恨、复仇和憎恨的寄居地。即使部分卷入这些盲目要素的激烈博弈之中的人，又怎能感知正义、领悟真理呢？就如期待一个被困在燃烧的建筑物之中的人，坐下来与人理论起火原因。

在激情的王国里，人在他人的行为中看到了非正义，因为仅看到直接的外观，他们便判定每个行动都独立存在，并未脱离原因与后果。小男孩殴打脆弱的小动物，接着男人殴打了无自卫能力的小男孩，因其对小动物的残忍行径；然后一个更强壮的男人攻击了这个男人，因其对小男孩的残忍行径。他们皆认为对方残忍、非正义，自己公正、仁慈。无疑，小男孩会认定自己对动物的行为是完全必要的。因此，愚昧导致仇恨与冲突不断；人类盲目地将痛苦加诸自身，活在激情与怨恨里，找不到真正的生活方式。仇恨与仇恨相遇，激情与激情碰撞，冲突与冲突相逢。伤害他人的人，自身亦受伤害；靠剥夺他人而活着的人，自身亦被剥夺；捕食他物的野兽，自身亦被捕杀；谴责者正被他人谴责，定罪者亦被他人定罪，告发者也被他人告发。

杀人者的刀刺向了自己，

不公正审判失去了自己的拥护者，

虚伪的喉舌只会吐出谎言，

蹑手蹑脚的小偷与掠夺者靠掠夺偿还。

这就是法则。

激情亦有积极与消极两个方面。受骗者与骗子、压迫者与奴隶、侵略者与复仇者、江湖骗子与迷信之人，相辅相成，在正义之法则的运行下走到一起。人类会不自觉地因痛苦的产物而团结合作；"盲人引导盲人，结果全跌入沟中"。激情的花朵上长出痛苦、忧伤、懊悔与不幸之果实。

被激情束缚的灵魂只看得见非正义。善良之人，因已战胜激情，看得出因果关系，看得到最高正义。这样的人不会认为自己遭到不公正对待，因为他再也看不到非正义。他知道没有人可以伤害、欺骗他，他亦不会伤害、欺骗自己。不论他人怎么狂热、愚昧地对待他，他也不会身陷痛苦，因为他知道无论涌向他的是什么（可能是虐待或是迫害），只会是他早先行为之结果。因此他将一切皆视作好事，因万物而欣喜，爱他的仇敌，祝福那些诅咒他的人，将他们视作受蒙蔽却有助益的工具。借助该工具，他便能够向至高法则支付他的道德债务。

善良之人，抛弃了所有怨恨、报复、自利与自负，已然达到一种平衡状态，因此认同永恒及普遍的平衡。他将自己置于激情的盲目力量之外，以一种冷静的洞察力沉思它们，像山间孤独的隐居者一般，俯瞰脚底汹涌的湍流。对他来说，非正义已然消亡，一方面他看到了愚昧与痛苦，另一方面也看到了开化与祝福。他认识到需要他同情的不只有受骗者与奴隶，骗子与压迫者也同样需要，因此他将慈悲心扩展到所有人。

最高正义与至高无上的爱本为一体。因果关系不可避免，后果无法逃离。

当一个人沉溺于憎恶、愤恨、愤怒与谴责中，他便会遭遇不公正，正如做梦者之于梦境一般。除了非正义，眼里再无其他。但那些克服暴躁的、自律之人，懂得正义统治一切。

# 理性的运用

❖

　　理性是一个纯粹抽象的特质，处于人类
的动物属性与神圣意识之间，如果正确地运
用，会引导人类从阴暗走向光明。

　　我们都曾听过：理性是一个盲目的向导，它使人
背离而非通向真理。但其实，我们发现对理性能力的
培养会带来安宁与精神镇静，促使自己更乐观地面对
生活中的问题与困难。

　　确实存在比理性更高的光明，那即是真理。如果
没有理性的助力，真理亦不会被理解。那些拒绝修剪
理性灯芯的人，永远感知不到真理之光，因为理性之
光正是真理之光的映象。

　　理性是一个纯粹抽象的特质，处于人类的动物属

性与神圣意识之间，如果正确地运用，会引导人类从阴暗走向光明。确实，理性会参与为低等、自利的本性服务，但这仅是对其局部或不完善实践的结果。对理性的全面开发会让人背离自私的本性，最终使灵魂与高尚结伴而行。

许多男男女女都经历着无法言述的痛苦，最终葬身于自己的罪孽中，因为它们拒绝理性。他们执念于那些甚至透过丁点儿理性之光的微弱光线即可驱散的阴暗妄想。所有人都必须自由、充分、忠诚地运用理性，将罪恶、痛苦的朱红色长袍置换成清白、安宁的雪白衣裳。

这是因为我们已证实并了解这些真理，劝诫人类：

> 踏着路中间，它的路线，
> 光明的理性追踪着，
> 松软、宁静、平坦。

理性引导人类从激情、自私走向甜蜜劝说与温柔宽恕的静逸旅途。他不会误入歧途，亦不会追随盲目的向导。"证实一切，紧紧抓住善良的一切。"鄙视理性之光的人，亦鄙视真理之光。

具有纯净、优秀推理能力的人永远不会被偏见所奴役，并认定所有先入为主的观点一文不值。他既不尝试论证亦不反驳，但在权衡极端不同的事物并综合所有显而易见的矛盾之后，他会谨慎、冷静地掂量、思索它们，并由此抵达真理。

事实上，理性同一切纯净与文雅、温和与公正相关。人们会说暴力之徒"缺乏理智"，疯狂之人"失去理智"。善良、体贴之人"通情达理"，这个词在很大程度上是被无意识地使用，但从综合意义上讲，说明理性是何等重要！

理性代表着人类的一切崇高与高贵，人类若违背理性的声音，随心所欲，便与禽兽无异。正如弥尔顿所言：

　　　　人身上的理性晦暗了，或被违背，

　　　　　不受羁绊的欲求和冲动便夺走理性的统

　　治权力，

　　　　　并把到那时仍然自由的人降为奴隶。

# 不朽与安宁是自律之果

✥

　　野兽与无自律之人的唯一不同，便是
人类具有各种各样的欲望，体会着更强烈
的痛苦。

　　人在实现自律之前并不算真正地活着，他只是存
在着。像动物一样，他满足于自己的欲望，追逐着嗜
好。他的快乐与野兽的快乐无异，因为他意识不到失
去了什么；他的痛苦也与野兽的痛苦相同，因为他找
不到逃离痛苦的出口。他拒绝睿智地反思，仅活在与
任何思想与原则无干的感官、渴望以及混乱的记忆里。
如果人的内心体验如此放纵与混乱，他必会将这种混
乱反映在其外在生命的可视现状里。尽管一段时间内，
被欲望的洪流驱使，他可能或多或少地带给自己外在

必需品及生活的舒适感，却永远不会取得真正的成功，亦不会实现任何善行。世俗的失败与灾难迟早无法避免，内在失败的直接结果是让人正确地调整与规范那些构成外在生活的精神力量。

野兽与无自律之人的唯一不同，便是人类具有各种各样的欲望，体会着更强烈的痛苦。这样的人可以说是麻木的，对自控、贞洁、毅力以及所有构成生命的高贵特质皆无动于衷。

随着对自律的践行，人开始了真正的生活，因为他着手超越内在的混乱，将自身行为调节至坚定的中心。他不再受嗜好的驱遣，而是勒住欲望的缰绳，在理性与智慧的指引下生活。在此之前，他的生活没有目的也没有意义，但现在他开始自觉地塑造自己的命运。

自律的过程包括三个阶段，即：

1. 控制

2. 净化

3. 放弃

通过掌控迄今为止操纵自己的冲动，人开始约束自己；他抵抗诱惑，捍卫自己免遭自私的侵袭。他开

始克制自己的食欲，合理、负责地饮食，有节制、周
到地挑选食材，目标是将身体打造成一件完美的工具，
借助它得以生存与行动，不再一味迎合味觉快感而糟
蹋身体。他检视自己的语言和脾气。这是一个由内至
外的过程，而非像从前那样，由外而内。他构思一种
理想，将其供奉在内心的神圣隐秘处，按其苛求和指
令规范自己的行为。

一种哲学的假设认为：宇宙中每一个原子核及每
一次原子聚合，都有一个静止的中心，它是宇宙万物
活动的持续能量来源。不论实际情况如何，每个人的
心中都必定有一个无私的中心，没有它不能成其外在
的人，忽略它会导致痛苦与混乱。这个中心的表现形
式即为无私的理想与无瑕的纯净，获得的成就也很可
观，它是人类逃离冲动风暴与低等本性的永恒庇护所。

人类践行自控力时，便可让自己摆脱激情与悲伤、
愉悦与痛苦的控制，过上稳定、正直的生活，彰显力
量与刚毅。但是，对冲动的抑制仅仅是自律的初级阶
段，紧接着便是净化的过程。在该过程中，人类通过
将冲动一并移出心灵与头脑而净化自己；不仅是冲动

涌现时才着手抑制，而是避免让其出现。仅仅通过对冲动的抑制，人并不能抵达安宁、实现理想；他必须净化那些冲动。

正是在对低劣本性的净化中，人类变得强大、庄严，坚定地站在理想的中心点，致使所有的诱惑都变得徒劳无益。悉心的照料、认真的深思，以及神圣的抱负皆会影响净化过程。取得成功时，思想与生活的困惑亦消失不见，思想的平静与行为的净化得以确保。

自我净化催生出真正的力量、能力及有效性，转化为智力与精神能量。纯净的人生（思想与行为上的纯净）即是对该能量予以守护；不洁的人生（甚至该不洁都未超越思想层面）则是对该能量的损耗。纯净的人才华卓著，相比不洁之人，他们更有能力取得计划的成功、达成他的目标。

随着纯净的增长，构成强大并正直的男子气概的所有要素都被日益增长的力量所开发。低等本性开始臣服，激情听命于自己，这样他就可以塑造其生命的外部环境并以此永久地影响他人。

自律的第三个阶段即为放弃阶段，是一个将所有的低等欲望与不洁、卑鄙的思想排出脑外的过程，并拒绝它们再入其心。人越纯净，便越能感知所有的邪恶，除非获取他的支持，它皆是软弱无力的，因此忽视它，使其脱离他的生活。正是在对自律的追求中，人开始并实现神圣的生活、彰显独特的神圣特质，比如智慧、耐心、不抵抗、慈悲心与爱等。在这里，人类意识开始不朽，超越生命中所有的起伏与不确定，生活在智慧与安定的和平之中。

通过自律，人类获得美德与神圣，最终实现自我与万物中心的合一。没有自律，人便会放任自流，越变越低等，越来越与野兽无异，变得奴颜婢膝，就如一只迷失的生物，陷入污秽的泥沼中。通过自律，人便步步攀升，越来越接近神圣，直至屹立在神圣的尊严上，一颗被拯救的灵魂，因纯净的光辉而荣耀。约束自己，人便能生存；放任自我，人便会灭亡。

正如加以悉心修剪与照料，树便会亭亭玉立、健康强壮、果实累累。一个人若能将头脑中所有的邪恶枝条清理干净，持之以恒地照料并开发善良，便能生活在优雅与美好之中。

　　人类通过践行习得精湛的技艺，因此认真之人亦
会精通善良与智慧。人在自律之前退缩，因为在其早
期阶段它使人痛苦、令人生厌。对欲望的屈服，一开
始是甜蜜的、诱人的。但欲望的尽头却是黑暗与不安，
只有自律的果实才是不朽与安宁。

# 一切挫折都将屈服于
# 坚定的决心

✣

　　也许决心会与下行的倾向有关，但更多
的是与高尚的目标与崇高的理想相伴。

　　在个人进步的过程中，决心起着指导与推动的作用。缺少它，实质性的工作便无法完成。生命只有承担起决心之重量，才能自觉、快速地成长，因为缺少决心的人生是没有目标的人生，而人生没有目标就会变得漂泊不定、动荡不安。

　　也许决心会与下行的倾向有关，但更多的是与高尚的目标与崇高的理想相伴。

　　若人下定决心，便意味着他对当前状态心生不满，开始考虑从性格与生命构成的精神材料中创造出更好的工艺。只要他忠于自己的决心，便能成功达成自己的目的。

真正的决心是长久思想、长期斗争或狂热却未实现抱负的转折点。三心二意与仓促的决定绝非决心，初遇困难便土崩瓦解。

下决心的过程应该是缓慢的。他应彻底检视自己的处境，斟酌与所做决定相关的所有条件与困难，并做好对抗它们的充分准备。他应确定自己完全理解决心的本质，最终下定决心，不再恐惧、疑惑。做好了思想准备，下定的决心便不再背离。通过它的帮助，在恰当的时间，你便会达成强有力的目标。匆促的决心徒劳无果。

记忆力因加固而得以持久。一旦下定踏上更高征途的决心，诱惑与考验便不期而至。人类发现一旦决定过上更真实、更高尚的生活，便会淹没在新的诱惑与困难的洪流中。多数人皆因此而放弃了自己的决心。

但是诱惑与考验却是重生工作的必要组成部分，

人应下定决心，像迎接朋友一样去勇敢地面对它。决心的本质是什么呢？它难道不是对一连串特定行为的突然检验，以及打开一个完全崭新通道的努力吗？想想一位决定改变一条水流湍急的溪流或河流航道的工程师。他必须首先开辟新河道，并采取一切可能的预防措施来避免任务实施过程中的失败。首要任务便是将溪流引向新河道。为成功完成这项工作，工程师需付出所有的耐心、谨慎和技能。因为经年累月地稳步按自己所习惯的河道奔流的水流，变得极难驾驭。对所有决定将其行为轨道改至其他或更高方向的人，亦是如此。准备好思想，开辟新的通道，他开始将精神力量方向——迄今为止都在不间断地流动着——改变至新的航道。一旦如此尝试，被抑制的能量将以至今从未遭遇过的强大的诱惑及考验展现出来。这确该如此，这即是规律，水流的规律与思想的规律毫无二致。没人可以改变现有事物的规律，但他可以通过学习而了解该规律，而非只是抱怨或期待事情有所改变。在思想重生时了解一切所涉及事物的人，将"因磨难而荣耀"，因为他知道只有经历过才能增强力量、获得心灵之纯净并抵达平和。工程师最终（可能经历许多错误与失败之后）成功地将溪水引流至更宽阔与更好的河道，消耗了水流的湍急，便可以移除所有的大坝。因此决心坚定之人最终成功地将思想与行动引导至其渴望的更美好与更高尚的征途，诱惑与考验让位于坚定的力量与稳固的安宁。

那些人生与良知不相协调，迫切地希望纠正自己思想与行为的人，首先让他通过真诚的思想与自我反省来完善自己的目标。得出最终结论以后，让他构架自己的决心。如此之后，促使他坚持决心不动摇，无论在何种情况下都忠于自己的决定，这样他就能避免遭受美好目标未能实现而带来的失败。因为伟大的法则会庇护并保卫那些不管其有多深的罪孽，或犯过多大的错误与遭遇多少失败，在内心深处仍执着于对更好途径的探索之人。一切挫折最终都会屈服于成熟、坚定的决心。

# 战胜自己的五个阶段

❖

激情被超越之前，真理仍是未知。这便是神圣之法则。人不能同时拥有激情并占有真理。

只有战胜自己才能领悟真理。

只有战胜低等本性才能抵达幸福。

真理之路因人类之自我而遭遇封锁。

真正阻碍自己的敌人只有自己的激情与妄想。人类只有认识到这一点并开始净化心灵，才能发现通向智慧与安宁之路。

激情被超越之前，真理仍是未知。这便是神圣之法则。人不能同时拥有激情并占有真理。

自私消亡，才能制止错误。

　　战胜自我并不是神秘学说，而是非常真实与实际的事情。

　　如若想实现任何成功，那就需每时每刻进行这个过程，用坚定不移的信念与不屈不挠的决心。

　　这是一个有序增长的过程，有其连续的阶段，像树木的生长一样；正如只有通过细致、耐心地培养，树木才能结出果实。只有在正确思想与行为的成长过程中，对头脑忠实、沉着地训练，你才能获取纯净、满意的神圣之果。

　　克服激情（包括所有的坏习惯及特定形式的恶行）需要五个步骤，我将其称之为：

　　1. 抑制

　　2. 忍耐

　　3. 消除

　　4. 理解

　　5. 胜利

　　人之所以不能克服自己的妄念，是因为他们一开始就搞错了方向。他们妄图不经历前面的四个阶段即抵达胜利阶段。他们就像欲生产出好果子却不愿培养、照料树木的园丁一样。

抑制在于检视、控制错误的行为（例如冲动、草率或无情的话语、自私的放纵等），阻其成形。这就相当于园丁将树木无用的嫩芽及枝杈掐掉。这是一个必要但却痛苦的程序。经历这一切时，树木会流出汁液，园丁也知道不应对其加诸过于严苛的负担。

抑制仅是战胜自我的第一步。当它自身完结却最终没有净化心灵的目标时，该阶段便变为伪善阶段。隐藏个人的真实本性，并力争在他人面前表现出比实际更好的自己。在那种情况下，这是一种罪恶，但如果被认定为是朝向完全净化的第一阶段，却又是极好的。对它的实践导向第二个阶段，忍耐或自律阶段。在这个阶段内，个体默默忍受痛苦，该痛苦是因自己的思想与他人的特定行动，以及他人对自己的态度相接触而产生的。该阶段取得成功后，奋斗者开始了解所有的痛苦皆源于自己的软弱，而非他人对自己的错误态度，后者仅是导致他的罪恶浮出水面并对他显现的手段而已。因此，他不再因自己行为的堕落与过失而责难他人，而仅是谴责自己，由此学会热爱那些无意间揭露其过错以及短处的人。

　　渡过自我磨难的两个阶段之后，你便进入到第三个，即消除阶段。在这个阶段，落后于错误行为的错误思想一在头脑中显现即被抛弃。在这个阶段，意识力量与神圣喜悦开始取代痛苦，头脑变得相对冷静，奋斗者能够获得对自己思想复杂性更深层次的认识，由此开始明白罪恶的开端、成长以及工作。这是理解阶段。

　　理解的完善通向最终战胜自我的阶段。彻底战胜自我，让罪恶甚至不再以思想与意念的形式产生。因为当对罪恶具备完整的知识体系，当了解其全部，从头脑中的一粒种子开端到成长为行动与结果，那么生命中便再无罪恶的立足之地，它将被永久地遗弃。头脑安宁平静。他人的错误行为不会再引起信徒思想的失误与痛苦。他喜悦、冷静、睿智。他的内心充满爱，幸福常伴于他。这就是胜利！

# 行动的满足感

✥

> 满足并不意味着放弃努力，而是指将努
> 力从焦虑中释放；它的意思并不是满足于罪
> 恶、无知与愚蠢，而是在责任履行，工作完
> 成后幸福地憩息。

对多数作家来说，将积极的精神美德或原则与消
极的动物性恶习相混淆稀松平常，一个所谓的"先进
思想学派"甚至也这样认为。许多宝贵的精力通常被
消耗在批评与谴责上，而少许冷静的推理便会揭示很
大的启发，引导更多慈善行为的发生。

前几天我偶遇他人对"爱"的教义进行猛烈抨
击，该作者指责这种教义是软弱、愚蠢、伪善的。毋
庸置疑，他所指责的"爱"，仅仅是软弱的多愁善感

与虚伪。

谴责"温顺"的作者并不清楚他将"怯懦"误作为温顺。将"禁欲"抨击为"陷阱"的人实际上混淆了痛苦与虚伪的克制与禁欲的长处。就在最近我收到一封记者所写的长信，信里他煞费苦心地向我展示"满足"是种恶习，亦是无数邪恶的源头。

该记者所称的"满足"，无疑只是动物性的冷漠。冷漠的精神与进步互不相容，而满足的精神或许会致力于至高形式的行动、最真实的进步与发展。懒惰是冷漠的孪生姐妹，但快乐与迅速的行动却是满足的朋友。

满足是一种美德。随着头脑对慈悲法则指引的感知，以及心灵对其的接受，满足在之后的发展中会变得崇高、智慧。

满足并不意味着放弃努力，而是指将努力从焦虑中释放；它的意思并不是满足于罪恶、无知与愚蠢，而是在责任履行、工作完成后幸福地憩息。

人可能满足于过着低声下气的日子，生活在罪恶与债务中，但他的真实状态却是对自己的职责、义务

和同胞的合理要求漠不关心。并不能说他真正拥有了
满足；他并未经历纯净、持久的喜悦，它们是积极满
足的伴随物。就他的真实本性而言，他只是一颗沉睡
的灵魂，迟早会被剧痛唤醒。如此经历之后，他便会
发现真正的满足其实是真诚努力与现实生活的产物。

人应满足于下列三件事情：

**1. 所有发生的事**

**2. 友谊与拥有物**

**3. 纯净的思想**

满足于所发生的任何事，便能远离悲伤；满足于
身边的朋友与所拥有的财物，他便能避免焦虑与不幸；
满足于自己纯净的思想，他便永远不需在不洁中忍受
与乞怜。

人不应满足于下述三件事情：

**1. 自己的观点**

**2. 自己的性格**

**3. 自己的精神状态**

不满足于自己的观点，他的智力便能持续增长；
不满足于自己的性格，他将不断地在力量与美德中成

长；不满足于自己的精神状态，他将每日都能收获更多的智慧与更完整的幸福。总而言之，人应知足常乐，但不应漠然以对自己，应敦促自己成长为尽责、崇高的人。

真正满足的人精力充沛、诚心诚意地工作，平静地接受一切结果，相信一切皆好。但之后，随着觉悟的发展，便会得知所有付出的努力与收获的结果恰好完全一致。无论获得什么样的物质财富，皆不是因为贪婪、焦虑与冲突，而是源于正确的思想、明智的行动以及纯粹的努力。

# 手足之情的殿堂

✣

　　世间的男男女女皆因追求特定的目标而团结在一起，不管何种程度的利己主义，只要统治了他们的心灵，那么作为人类的手足之情便不复存在，因为这种利己主义最终会撕破爱的统一体的无缝外衣。

　　世界大同是人类的至高理想，朝着那个理想，世界缓慢、稳当地发展着。

　　今天，和以往任何时候都不同，数量众多、态度诚恳的男男女女都在努力使这个理想变得具体、真实。互助会在世界各地如雨后春笋般地涌现；全世界的媒体与讲坛都在宣扬手足之情。

　　这些努力中的无私的互助，在种族之中产生了一定的影响，无疑会敦促其为了实现最崇高的目标而行动。然而，这个理想状态并未借助任何外部组织彰显自己，为宣扬手足之情而成立的社团皆因内讧而变得支离破碎。

世间的男男女女皆因追求特定的目标而团结在一起，不管何种程度的利己主义，只要统治了他们的心灵，那么作为人类的手足之情便不复存在，因为这种利己主义最终会撕破爱的统一体的无缝外衣。尽管迄今为止，手足之情大都失败了，但如果他们愿意拥有明智、纯净、有爱的心灵，任何人都能体会到完美的手足之情，并了解它的美好与圆满，将涉及冲突的所有要素移出脑外，学会践行那些神圣特质。没有这些特质，手足之情便只能沦为一个理论、观点或虚幻的梦。

手足之情一开始是精神的，其世间的外在表现必须遵循自然顺序。

作为一种精神现实，每个人都必须为自己找到它。能找到精神现实的唯一地点便是——自己心中，这取决于个人到底是选择它还是拒绝它。

人类思想中有四个主要倾向，它们会毁灭手足之情，并阻止人类对它的理解，即：

· 傲慢

· 自恋

· 仇恨

· 谴责

它们存在的地方，便不会有手足之情。它们支配、控制的任何心灵里，手足之情便不会实现。因为这些倾向，其本质皆是阴暗、自私的，总会导致破坏与毁灭。这四个倾向就像毒蛇，最终会荼毒人心，让世间充斥痛苦与悲伤。

傲慢催生出妒忌、愤恨与意见。傲慢妒忌他人的地位、影响力或美德。它想："我比任何男人或女人都更有资格。"它亦会不断地寻求机会来怨恨他人的行为，说着："我被冷落了。""我被侮辱了。"想到的全是自己的优点，他人的长处皆不入其眼。

自恋催生出自负、贪婪、轻蔑与鄙视。自恋崇拜的是自己所迁入的人格。它迷失在对"自我"的崇拜与赞颂中，该"自我"并非实际存在，而只是一个阴暗的梦或妄想。它渴求超越他人，并认为"我是伟大的，我比他人重要"。它蔑视他人，赠他人以耻辱，看不到他人的美好，迷失在对自己美丽的幻想中。

仇恨催生出诽谤、残忍、谩骂与愤怒。它试图通过增加邪恶来克服邪恶。它说："这个人说了我坏话，我要用更恶毒的话回应他，给他一个教训。"它将残忍误作仁慈，它用尖刻、叛逆的思想滋养愤怒的火焰。

谴责催生出指责、虚假的怜悯和错误的判断。它用邪恶的冥想滋养自己，看不到丁点儿美好。它的眼里只有邪恶，几乎在每个人、每件事中都能发现邪恶。它建立起武断的对错标准并以此评判他人。它认为："这个人没有按我要求的做，因此他是邪恶的，我要谴责他。"谴责是盲目的，致使其主人无力评判他人，导致他将自己认为是整个地球的评判者。

上面列举的四个倾向根本无法催生出手足之情。它们是致命的精神毒药，那些思想任其腐蚀的人，无法领会手足之情所立足的和平法则。

手足之情产出的四种主要神圣特质，可以说是其立足的基石，即：

- ·谦逊
- ·忍让
- ·爱
- ·慈悲心

它们存在的地方，手足之情便是活跃的。被这四种特质占据的心灵，手足之情便是一个既定现实，因为它们，其真实本质是无私的，充满着启发性的真理之光。它们之间没有黑暗，它们所在之处，光芒如此强大，黑暗无法逗留，只能被清除、消散。这四种特质催生出一切天使的行动与状态，促成团结，将喜悦带给人心与世界。

谦虚催生出温顺与平和。忍让带来耐心、智慧和正直的判断。善良、愉悦、和谐皆源自爱。慈悲心催生温柔与宽恕。

那些与这四种特质和谐相处的人，都是极其开明的。他们看到了人类行为的来处与去处，因此不再生活在对黑暗倾向的运用中。他们意识到圆满的手足之情即是从恶意、妒忌、苦难、争论、谴责中解放自己。

所有人都是兄弟，不论是那些生活在黑暗倾向中的人，还是那些生活在文明特质中的人，因为他们知道，当他们感知到真理之光的荣耀与美好之后，黑暗倾向即会被从脑中驱除。对待万物就只剩一种态度，那便是善意。

敌意与冲突源于这四种黑暗倾向；善意与和平源于这四种神圣特质。

生活在四种黑暗倾向中的人是冲突生产者。生活在四种神圣特质中的人是和平制造者。

当谦逊、忍让、爱与慈悲心的四种基石牢牢地植根于人心，万众期待的手足情的殿堂便将矗立于世间，因为手足之情首先在于个人对自我的放弃，其后续影响便是人与人之间的团结。

宣传手足之情的理论与方案不计其数，但手足之情本身却是唯一、亘古不变的。它包括彻底终止自负与冲突、践行善意与和平。因为手足之情是一种践行，而非一种理论。忍让与善意是其守护天使，和平是其聚居地。

当双方持有相反的观点时，如果执念于自我与恶

意，手足之情便会缺席。若彼此之间存有共鸣，不再
看到对方的邪恶，为彼此服务而非相互攻击，真理之
爱与善意便会出现，手足之情不再缺席。

傲慢、固执的自我孕育出一切冲突、分歧与战争；
放弃自我则孕育出安宁、团结与和谐。只有那些能与
全世界和平共处的人，才会践行与理解手足之情。

# 和平的快乐牧场

✛

当对他人施以同情时，自己的灵魂便会被上天善良的露珠充盈，在和平的快乐牧场里，他们的内心得以加固、神清气爽。

那些渴望改善自己与人类的人，应不停地努力践行幸福的心态，如此便能设身处地地为他人着想，不论是在精神上，还是同情心上。这样，他便不再严厉、错误地评判他们。他人幸福感不能加强，自己亦不会感受幸福。他将与他们共同经历，了解他们特定的思想架构，与他们一同感受、息息相通。

达成如此心态最大的障碍之一便是：偏见。直到移除它，我们才能期待用他人对待我们的方式对待他人。

偏见摧毁友善、同情、爱与正直的评判。一个人的偏见力量恰能衡量其对待他人的严厉与不善，因为偏见与残忍形影不离。

偏见中没有理性，一旦被唤醒，人将不再是理智的人，会屈从于鲁莽、愤怒与有害的刺激。他不再谨言慎行，亦不再顾及他人的感受与自由。他暂时丧失了男子气概，沦落到一个非理性生物的级别。

当一个人固执己见，并将它们误作真理，拒绝冷静地考虑他人的处境，他便逃不开仇恨，亦无法抵达幸福。

那些砥砺心智、渴望对他人无私的人，会抛开所有强烈的偏见与小气的观念，逐渐获得为他人着想、将心比心、了解他们特殊的愚昧或学识状态的力量。由此，完全进入他们的内心与生活，与他们息息相通，看清本真的他们。

这样的人不会通过推行自己的偏见而反对他人的偏见，他会寻求缓和偏见，通过推行同情与爱、努力唤起人们心中的善良、因呼吁善良而鼓励善良，因忽略邪恶而阻止邪恶。他在别人的无私努力中发现善良，这样便能消除他内心的仇恨，将爱与幸福填充其间。

若人倾向于严厉地评判与谴责他人，他应该询问自己究竟落后多远。他亦应该重新考虑因他人对自己的误判与误解而遭受的痛苦阶段，并从自己痛苦的经历中采集智慧与爱。

同情不是对那些比自我更纯净、更开明的人的要求，因为更纯净的人已超越它的必然性而生活。在这种情况下，应知道敬畏，努力将自我提升至更纯净的水平，并由此拥有更广阔的生命。人永远不能完全理解比自己更睿智的人。在谴责之前，他应该扪心自问，自己究竟能否优于那个被当作怨恨对象的人？如果是，则应施以同情。如果不是，则应保持敬畏。

数千年以来，圣贤们都在教导，通过箴言和例证，说只有善良才能战胜邪恶，但对大多数人来说，该教导仍有待学习。该教导看似简单，但学起来却很困难，因为人们都被自我蒙蔽了双眼。人仍卷入与自己同胞的愤恨、谴责和邪恶的斗争之中，自己内心的妄想愈多，世界的悲惨与痛苦则愈重。当他们发现根除自己的愤恨、将爱归位之后，邪恶便会因缺乏寄托而消亡。

> 滚热的大脑与仇恨的内心，
>
> 我追寻着邪恶，无分昼夜，
>
> 我的梦与思想被残杀，残杀。
>
> 更好的我升至最高，
>
> 胸中的野兽被爱驯服；
>
> 远道而来的和平，
>
> 像光芒四射的星星般照耀着我。
>
> 我用行动杀害了邪恶，
>
> 爱的行动；
>
> 我使其流血，
>
> 借助善良，
>
> 我填满了，
>
> 他的灵魂，
>
> 用温柔与泪水。

厌恶、愤恨与谴责皆是仇恨的表现。它们被逐出内心之前，邪恶不会停止。

　　但消除对心灵的伤害仅仅是智慧的一个开端。还存在更高、更好的方式。这种方式是净化内心、启迪心灵，远非只是忘记伤痛，没有什么是需要铭记的。因为他人的行动与态度所能伤害的只有傲慢与自我。将傲慢与自我移除内心的人永远不会考虑"我曾被他人伤害过"或"我曾被他人误解过"。

　　一颗纯净的心会催生出对事物的正确理解。对事物的正确理解会催生出安宁、平静、明智，摆脱苦难与痛苦的生活。那些想着"这个人曾经伤害过我"的人尚未感知生命的真理，仍缺乏驱散邪恶的智慧。那些纠结于他人的过错，并为此困扰不安的人仍远离真理；但那些因自己的过错而困扰不安的人则已非常接近智慧之门。那些心中燃烧愤恨火焰的人，无法感知和平亦无法理解真理；而那些将愤恨驱除于心的人，会感知和平并理解真理。

　　那些将邪恶逐出自己内心的人，不再愤恨与抵抗他人的邪恶，因为他领会了其起源与本性，将其认作对愚昧错误的彰显。随着启迪的深入，罪恶再无可能。那些犯罪的人，不会理解；那些理解的人，不再犯罪。

纯净的人，即使对那些无知地认为可以伤害他的人，内心仍存柔软。他人的错误态度不会困扰他；他的心安歇在同情与爱之中。

值得称颂的是那些没有错误要记起、没有伤害要忘记的人。在他们纯净的内心里，邪念无处生根。他们追求正确的人生，他们热爱真理，他们努力冷静、睿智地理解他人。当对他人施以同情时，自己的灵魂便会被上天善良的露珠充盈，在和平的快乐牧场里，他们的内心得以加固、神清气爽。

# 图书在版编目（CIP）数据

原因与结果的法则 . Ⅱ，成功的必由之路 /（英）詹姆斯·艾伦 著；
吕沙沙，李梁瑜 译 . —北京：东方出版社，2021.11
书名原文：The Life Triumphant: Mastering the heart and mind
ISBN 978-7-5207-1834-9

Ⅰ.①原… Ⅱ.①詹… ②吕… ③李… Ⅲ.①成功心
理 – 通俗读物 Ⅳ.① B848.4-49

中国版本图书馆 CIP 数据核字（2021）第 223850 号

## 原因与结果的法则 Ⅱ：成功的必由之路
（YUANYIN YU JIEGUO DE FAZE Ⅱ : CHENGGONG DE BI YOU ZHI LU）

作　　者：[ 英 ] 詹姆斯·艾伦
译　　者：吕沙沙　李梁瑜
策　　划：吴常春
责任编辑：王夕月　杨　灿
责任审校：孟昭勤
出　　版：东方出版社
发　　行：人民东方出版传媒有限公司
地　　址：北京市西城区北三环中路 6 号
邮　　编：100120
印　　刷：北京联兴盛业印刷股份有限公司
版　　次：2021 年 11 月第 1 版
印　　次：2021 年 11 月第 1 次印刷
开　　本：710 毫米 ×960 毫米　1/32
印　　张：10.5
字　　数：124 千字
书　　号：ISBN 978-7-5207-1834-9
定　　价：48.00 元
发行电话：（010）85924663　85924644　85924641